合衆圖書館叢書

上海圖書館 整理

里堂家訓

【清】焦循

論語孔注證偽

【清】丁晏

上海科學技術文獻出版社

圖書在版編目（CIP）數據

里堂家訓 / (清) 焦循著．論語孔注證僞 / (清) 丁晏著．—上海：上海科學技術文獻出版社，2016.7
（合衆圖書館叢書）
ISBN 978-7-5439-7016-8

Ⅰ．① 里…②論…　Ⅱ．①焦…②丁…　Ⅲ．①家庭道德—中國—清代②儒家③《論語》—研究　Ⅳ．① B823.1 ② B222.25

中國版本圖書館 CIP 數據核字 (2016) 第 082507 號

總 策 劃：梅雪林
責任編輯：孫　嘉　于學松
封面設計：何　旸

叢書名：合衆圖書館叢書
書　名：里堂家訓・論語孔注證僞
[清] 焦循　丁晏　著
出版發行：上海科學技術文獻出版社
地　　址：上海市長樂路 746 號
郵政編碼：200040
經　　銷：全國新華書店
印　　刷：上海中華商務聯合印刷有限公司
開　　本：850×1168　1/32
印　　張：10.875
版　　次：2016 年 7 月第 1 版　2016 年 7 月第 1 次印刷
書　　號：ISBN 978-7-5439-7016-8
定　　價：88.00 圓
http://www.sstlp.com

《合衆圖書館叢書》重印前言

自宋以來，集群書匯于一編的叢書是我國保存文獻的一種重要形式，歷代刊刻的各種叢書既有利于典籍的傳播，也便于讀者的利用，向受學者的重視。二十世紀四十年代，在我國屈指可數的以圖書館命名編印出版的叢書中，《合衆圖書館叢書》是價值甚高的一套珍貴文獻。

一九三九年八月成立于上海的合衆圖書館是在日寇侵華、圖書文獻遭受被毁散失之際，爲了搶救和保護中華文化遺産，由葉景葵、張元濟等人發起創辦的私立圖書館。該館取『衆擎易舉』之意而命名『合衆』，所藏圖書多來自社會名家的捐贈。其中葉氏、張氏和蔣抑卮、李拔可、陳叔通、葉恭綽、胡樸安、顧頡剛、潘景鄭、周志輔、胡惠春、李玄伯等人將家藏文獻慷慨相贈，奉獻尤多。合衆圖書館在衆人的支持下，所藏文獻日益豐富，類型除圖書外，凡報紙、期刊、書畫、尺牘、碑帖、硃卷、照片、書版等均有收藏。該館在有限的經費範圍内以獨到的眼光不斷搜集入藏相關歷史文獻，成爲一座深受學者關注的以國學爲特色的專業圖書館。

中國藏書家具有將稀見文獻整理出版的優良傳統，不少藏書家同時也是優秀的出版家。作爲一家私立圖書館，合衆圖書館不僅繼承了傳統藏書家的文化精神，更以文化自覺的社會責任感，『志在使先賢未刊之稿，或刊而難得之作廣其流傳。』因此，顧廷龍先生在合衆圖書館開館之年起即籌備刊印《合衆圖書館叢書》。從一九四〇年二月發排第一種書至一九四八年間，陸續出版了第一集十四種，第二集一種，共十五種。第一集共收入以下圖書：

《恬養齋文鈔》四卷，清羅以智撰；補遺一卷，葉景葵輯。《吉雲居書畫録》二卷，清陳驥德撰；補遺一卷，顧廷龍輯。《潘氏三松堂書畫記》一卷，清潘志萬輯；補遺一卷，潘承弼輯。《吉雲居書畫續録》二卷，清陳驥德撰。《李江州遺墨題跋》一卷，清王乃昭輯。《朱參軍畫像題詞》一卷，清葉昌熾輯。《餘冬璅録》二卷，清徐堅撰。《彘舟話柄》一卷，清許兆熊撰。《寒松閣題跋》一卷，清張鳴珂撰。《閩中書畫録》十六卷首一卷，清黄錫蕃撰。《里堂家訓》二卷，清焦循撰。《論語孔注證僞》二卷，清丁晏撰。《東吳小稿》一卷，元王寔撰。《歸來草堂尺牘》一卷，清吳兆騫撰。

二集僅一種，一九四八年二月編印出版，爲《炳燭齋雜著》七卷，清江藩撰。内含《舟車聞見録》二卷續集一卷三集一卷、《端研記》一卷、《續南方草木狀》一卷、《廣州禽蟲述附鱗介述獸述》一卷。

《合衆圖書館叢書》具有如下特點：

一、所印圖書皆爲該館所藏稿本、抄本。其中稿本五種，其餘均爲抄本。此舉正體現了合衆圖書館重視收藏前人著述，關注珍稀稿本、抄本的館藏特徵，與合衆立館目標和叢書的編印宗旨相契合。顧廷龍在《創辦合衆圖書館緣起》中曾説明過該館『古今名賢之原稿尤所注重』的藏書原則，而合衆圖書館創辦人之一的葉景葵不僅收書重抄、校稿本，印書也首推稿抄本。他爲《合衆圖書館叢書》第一種書《怡養齋文鈔》題跋中寫道：『其餘箧衍稿本當竭綿力，陸續刊行，以傳布先哲精神于萬一。』

二、本叢書的編輯出版重視精選資料價值高、册數少的稿抄本，不選卷帙量多的圖書，而是量力而行，以經濟實用的小開本刊印，降低出版成本。編者對所收圖書每種均題跋文，精要地介紹所印圖書的作者、内容和價值。跋文出自葉景葵、張元濟、顧廷龍和潘景鄭的手筆，顧潘兩人撰寫數量最多。

三、叢書采用社會籌款、捐資代印的方法印刷出版。由于合衆圖書館經費拮據，所編叢書的印刷經費主要來自于熱愛中華文化、熱心鄉邦文獻的有識之士資助。顧廷龍曾言：『顧非一館之藏之力所克勝任，緣商同志謀集腋成裘之舉，所選著述以捐資者之意趣爲指歸，各彰所好，各闡所宗。』如李英年捐資印行《吉雲居書畫録》《潘氏三松堂書畫記》；禮髡龕主人捐資出版《吉雲居書畫續録》《李江州遺墨題跋》《朱參軍畫像題詞》《餘冬璅録》《凫舟話柄》《寒松閣題跋》；李氏拜石軒助印《閩中書畫録》；袁鶴松、潘炳臣、冷榮泉、楊季鹿四人合作資助《里堂家訓》；陳文洪贊助《論語孔注證僞》《東吴小稿》《歸來草堂尺牘》。《合衆圖書館叢書》的推出是中國圖書館出版史上利用社會資源集資出版的成功案例。

四、叢書的編輯整理凝聚了合衆圖書館創辦人的艱辛勞動與心血，葉景葵、張元濟、顧廷龍、潘景鄭直接參與了圖書的整理與出版過程。他們除了撰寫跋文外，還對所出圖書做了校閲、輯録、補遺、繕寫。如葉景葵在整理稿本《恬養齋文鈔》時，另訪得集外文輯爲補遺一卷附後；顧廷龍也參閲他書，爲《吉雲居書畫録》校閲補缺。他還爲了節約經費，親自手寫藥水紙直接上石印書。在他們的主持下，確保了圖書的出版質量。

《合衆圖書館叢書》運籌于合衆圖書館創立之時，出版于時局動蕩、經費窘迫的圖書館早期發展階段。這部叢書歷時八年祇出版了十五種，未能實現初期的願望，顯然是一個未完成的出版計劃。這是由于抗戰勝利後，社會經濟凋敝，物價飛漲，圖書館財力日絀，無法再續出版了。但這部小型叢書正體現了合衆前賢不畏艱難、千方百計致力于文化傳播的理想，以『衆擎易舉』的理念，不僅開創了現代圖書館文獻收藏得自衆人捐贈的奇迹，而且在圖書館文獻出版方面也開拓了民間集資捐印的成功實踐。特别是顧廷龍先生曾言：『編纂的目的，專事整理，不爲新作；專爲前賢形役，不爲個人張本。』這種無私敬業的精神，令我們圖書館後輩無限感佩。

如今，整理出版館藏珍稀文獻已成爲圖書館文獻再生性保護的重要工作，本館同仁效法前賢，近年陸續整理研究和影印出版了一大批館藏稿抄本，既有圖録型的《中國古籍稿抄校本圖録》《上海圖書館藏明清名家手稿》《上海圖書館藏稿本日記》《上海圖書館藏中國文化名人手稿》等著作，也有文獻型的《上海圖書館藏明代尺牘》八卷、《上海圖書館未刊古籍稿本》六十卷和《蔣維喬日記》稿本三十卷等多卷本的稿本圖書，爲揭示館藏、服務社會做出了不懈努力。在國家正在全力推進中華古籍保護計劃之際，重温圖書館前輩搶救珍稀典籍、傳播中華文化的業績與精神，深感傳承和保護祖國文化遺産是我們的偉大使命和光榮職責。因《合衆圖書館叢書》問世已久，流傳日稀，在上海科學技術文獻出版社的支持下，予以重印出版，以應學界之需。

黄顯功

二〇一五年十二月于上海圖書館

里堂家訓

【清】焦循

里堂家訓

合衆圖書館叢書第十八種

此書承江都袁鶴松潘炳臣冷榮泉王海楊季鹿四先生捐貲印行中華民國三十二年七月合衆圖書館志謝

里堂家訓

江都焦循著

劉彭城史通自序云予幼奉庭訓早遊文學年在紈綺便受古文尚書每苦其辭艱瑣難爲諷讀雖屢逢捶撻而其業不成嘗聞家君爲諸兄講春秋左氏傳每廢書而聽逮講畢即爲諸兄說之因竊歎曰若使書皆如此吾不復怠矣先君奇其意於是始授以左氏期年而講誦都畢觀此可悟教子弟之

諸人性質不同，各有所近，一槩施之，鮮能皆當。余幼年讀書最鈍，十行禮記，半日乃能背誦，然善於聽師解說論語孟子挪講章，覩之心中恆不以爲信，初則自以爲儒先之說深具隱晦，不易貫通，久而閱他書，頗有與余意所擬相合者，自是遂不欲爲株守之學，因而推之，性有善記誦者，有善論斷者，有宜於經者，有長於史者，有探賾索隱則有餘者，有雕龍繡虎而遠足者，使授以一端，即判

夫妍媸與何不中業不中才業不才耶

天下之學患乎不深深矣患乎不博深且博矣患乎無規矩繩墨以定其是非既深且博又有規矩繩墨以定是非者惟天文厤算耳其義深奧難明而其條理度數又出於自然而不容臆造然此學唯性質沈厚者能爲之囂浮妄動之人不能也於此學能明天下無難明之學矣譬猶履險崎嶇自無塗境且性質浮動之人果能耐心爲此知識既通而氣亦寧靜吾友汪孝嬰亦如是言

余性素鈍，幼時讀書如毛詩之三頌、尚書之般庚、禮記之內則，人以爲難讀者，偏樂於理。之少長讀時文，每閱一卷，至理題或如章大力、徐思曠等與漢、漢之作，人多厭之不欲觀，偏樂於反復之文之不惬於意者，必細爲紬繹，以求其所以然之故。佳之始而厭惡，繼而嗜悦；若夫尋之既久而厭惡如故者，則必其文之真不足觀也。用是識見日擴，妍媸遂真能道。

聖賢之學以日新爲要，三年前聞某人之談如是三年後聞其人之談仍如是其人可知矣越五年十年而其學仍如故皆知其本口耳剽竊原無心得斯亦不足議也矣孔子曰當仁不讓於師宜有味乎斯言也

經學如天陽道也史學如地陰道也修古學詩書易禮春秋而其義千變萬化闡之不盡尋之不竭自兩漢以來二千餘年說經之人千百家或相師承或相駮難各竭一人之精力以為得實解矣久之又竭一人之精力而前之實解復不實寒往則暑來日往則月來循

環無端而神妙不測故學經者博覽家說而自得其性靈上也執於一家而私之以廢百家惟陳言之先入而不能自出其性靈下也史學惟求其事之實而不證其書既寔無復可移矣

說經不能自出其性靈而守執一說以自蔽如人之不能自立投入富貴有勢力之家以爲之奴乃揚揚得意假主之氣以凌人受其凌者或又附之則奴之奴也既爲奴之奴則主人之堂階戶牖且未嘗闚見猥曰吾述而不作也吾好古敏求也此類

依草附木最爲可憎

學經之法不可以注爲經不可以疏爲注孔穎達賈公彥之流所疏釋毛鄭孔安國王弼杜預之注未必即得其本意執疏以說注豈遂得乎必細推注者之本意不啻入其肺腑而擇其神液余嘗究孔穎達毛詩正義其闡發傳箋之同異往往以同者爲異異者爲同而毛鄭之本意未能各還其趣也箕子明夷王弼注云莫如茲而在斯中以茲解子以斯中解箕其明讀箕子爲其茲即本趙

賓荄茲之義而以子為衣文用蜀才其子之文而以
箕作其與馬融解箕子為紂之諸父者不害天壤
疏者亦以王弼之法同於馬融不亦誣乎余故曰不可
以疏為法也　儒者說經言人人殊學者熟復經之
本文引申而比例之高郵王念孫先生解終風且
暴而例之以終和且平終窶且平知終風當解作
既風如是說詩詩無不達之詁而毛以解作終日風
真令人悶悶　余嘗以巽五之先庚後庚推究蠱彖
之先甲後甲而思蠱之五變即成巽甲以始言故

傳云終中有始，康以終言，故經云无初有終。覺從前納甲干支等解，徒滋蔓而已，故曰不可以注為經也。要之，既求得注者之本意，又求得經文之本意，則注之是非可否了然呈出，而後吾之從注非漫從，吾之駁注非漫駁。不知注者之本意，駁之非也，從之亦非也。

近之學者無端而立一考據之名，群起而趨之。所據者漢儒，而漢儒中所據者又唯鄭康成、許叔重，執一害道，莫此為甚。許氏作說文解字，博采眾家，兼收異說；鄭氏宗毛詩往々易傳注三禮列鄭大夫杜子春之說於前而以玄謂按之於後易辨爻辰書採地說未嘗據一說也且許氏撰五經異義鄭氏駮之語云君子和而不同兩君有之不說（謂）近之學者專執兩君之言以廢家家或比許鄭而同之自擅爲考據之學余深惡之也

何休墨守公羊康成發之非惡公羊也惡墨守也西漢儒者各師其師牢不可破康成識孔子無固無我之旨故廛年百家前此拘執之陋至是而通許叔重亦然六經之學至是而明六朝門戶南北分爭寧言孔顏陋不言服鄭非馴至唐人作正義而所定學者

心思有唐一代無復有經矣啖趙說春秋一滌株守之習遂開趙宋風氣朱考亭集羣言裒以己見其說經之旨與康成氏同余嘗細核其詩經集傳訓詁大半多本傳箋或用孔疏其自為說者必毛鄭之義真不可通非漫然也至儀禮通解多沿鄭說不執己亦不固人漢之康成如是宋之考亭亦如是朱子之徒道學為門戶盡屏古學非也近世考據之家惟漢儒是師宋元說經棄之如糞土亦非也自我而上溯之漢古也宋亦古也自經而下衡之宋後也漢亦後也唯自經論經自漢論漢自宋論宋且自魏晉六朝論魏晉六朝自李唐五代論

李唐五代自元論元自明論明抑且自鄭論鄭自朱論朱各得其意而以我之精神血氣臨之斯可也何考據云乎哉

周子言無極而太極當時辯論紛紛破者固不知周子之意信而執之者亦昧昧也無極二字本諸周頌維天之命於穆不已毛傳所引孟仲子說蓋無極即不已之義孟仲子周人猶在漢儒之前無極之語不可論謂不古非周子臆言也亦非道家之言也易云亢龍有悔與時偕極又云天德不可為首無極之義與无首合即天行健自彊不息之義易以无首明不息說詩者以無極明不已二者若合符契無極而太極猶言无首而得其大首詳見余所著易釋卷內濂溪深于易實發兩漢以來所

未發之旨宋儒無知之者近之講漢學者亦莫能曉也天下之道同歸而殊途一致而百慮一人有一人之能不得以己之能傲人之不能也一事有一事之體不得以此之體混彼之體也以學問言之經自不同於史史自不同於子子史又自不同於詩賦以經而論易自不同於詩詩自不同於禮禮自不同於春秋以文章而論序自不同於論傳自不同於記書牘箋奏自不同於騷賦以詩而論詩自不同於詞詞自不同於曲七言自

不同於五言小令自不同於長調以書法而論八分篆隸自不同於真草凡事無不然唯一事各還一事之體緣而[其]體而精之不妨一人耑精一事養由基之射王良之御田何之經司馬子長之史[相]如之賦是也以一人兼之亦必各如其體而不相雜乃為真博真通近之學者詭號窮經執許叔重之賸內拾鄭康成之殘唾於是詩古文辭[辭入時文]無不以為緣飾甚至雜取子史不切之語鶻結百衲宂為藻衮於時文之體

既報而經史子集之部亦各失所歸譬如禮部之卿越俎論刑太學之職踰階計賦侍軍參州縣之政學臣爭鹽筴之司耳目手足同一氣脉而所司各別設鬚生鼻上瞳長握中有如椰上開蓮荻枝結杏有不以為妖怪者乎吾願為學者勿為異端作文者莫染妖亂至切至切

諺云百工之事造人最尊謂百工皆需鐵以為器也余謂學問之業以屬文為要雖有見解

之治孔顏之教非文不傳敘事之文尤為重大春秋楚漢之人後世寔絕無之得左史以為之傳使精采百倍韓昌黎之於南霽雲何蕃李習之之於高愍女柳柳州之於段太尉杜牧之之於燕將譚忠孫可之之於何易于擇入史傳頓生光采至於雖狀之狀難寫之情一經點綴如見如訴宜從左史入手參之以莊列諸子廣之以韓柳諸集大之能包括一切細之能窮極毛髮解爾長備府

不拘也

不學則文無本，不文則學不宣。余十二三歲讀三蘇文，即解爲論序。見東坡文屢增鼂錯諸論，思推而敘著於不讀史事，乃閱漢書之固表遷及南北史、唐書、五代史記，又思不明地理，何以作水經序？不通天文術算，何以作李淳風、一行論？文之有序也，此提挈一書之精要而標舉之。序經學者必明於經，序史學者必明於史。一切陰陽天地醫卜農桑百家觀

其畫識而微得其奧何以各還其本來
文之有傳贊墓表碑志也中形容一人之面目
而彰顯之爲經學之人立傳中道其得經之
力者何在爲文藝之人作銘中述其成家之派
何在其人功在治平中有以畢其主政之心其
人學專理道中有以核其傳業之徒於派精通
經史四部編覽九流百家未易言文吾生
平無物不習非務雜也實爲屬文起見兼綜
講關鍵之法修口於起伏鈎勒字句之間以不

家從孫之辭自謂作者如是為文何敢於文耶吾嘗見為人作傳志者九九未嫻便揖善麻人僅學究教授程朱許以道統而莫徵此得但倜乎例乃曰詩人真贋不辨是非混淆如是為人之文不亦鄙乎故為文不難得本為文之本為難慎之慎之

為文之本非徒口耳記誦為也於易通傳係施者以象之說易雜引文辰卦氣以示宏博於詩通體列齊魯韓毛之異同為

及四照之際以明奧衍而於易詩之義無著也於本書之旨易言詩亦無著也又是與抄寫筆耕何異不可以言文也於各家之學精粗本末顯融貫穿而本書之用意所在又復一一窺得其精微而後為之序說乃不啻出其人之肺腑而代白之天下此書之所以貴有序學者好為人作序而作書之人又無所鑒別漫向人索序張冠李戴擬口韓許徑不關乎扃

賡真無聊之極了不知而作臺謂是矣

作傳志欲得其人之精神全在瑣碎上能容入妙此非讀書博物之久未易有之此壽無可臚列備以臚列爲學者不能也徒講屬文而無學者亦不能也

或曰如子言文莫絕筆矣余十遍其九猶不可以言文也余曰然天下莫難於屬文雖然

亦有道焉其知者爲之其不知者謝曰而
勿可强言其所不知也蓋亦可也
柳州辯鶡冠子當作論讀之人不煩言
而解此學之所以傳於文也鄭康成爲
毛詩箋其言多晦澀不達拙於文之
驗也論語孟子何許暢快明晢二書者
人之本學之本亦文之本
詩之難同於文而其體則異眼前之景意

中之情，以聲韻形容之，遂若人人所不能道，而實人人所共知。吾不計其為三百篇，為漢魏，為六朝，為中初盛中晚，為西崑，為江西，是四靈，為七子，為袁中郎，為鍾伯敬，為阮亭，為竹垞，為沈歸愚，為近時之隨園，唯本其志以為詩，不剿襲，不堆砌，皆可以陳風而論世。若無性情，無學術，徒以交遊聲氣，借其謏聞而攀附之，緣吾無取乎爾也。詩變為騷賦爲四六駢體爲詞曲大抵皆不可頌言而詠言之使人得於筆墨之外也爲四六者須用冷僻故事新異字句使人見之不解何謂及一一考其所自而要是又奚能無理是真天下之廢文吾不願子弟習之

平湖陸烜有隴頭剩語一卷論四六云四六之文多在彰饗間大抵其德不可稱而必欲稱之其事不足述而必欲述之則舍此體

其誰肯言甚有見乃今則足稱述之德
與事亦緊用罔亦何郎余幼年好為此
體嘗以小試為制文請以所稱隱條論
之壽考平之世有何不可明言之隱即市
井賤傭室無一節之可稱述有一節之可
稱述何難質而言之韓柳諸銘墓之
文其人寔皆足述者果一無足述祇形
嚮之言亦在所宜戒何必亦為郎然
既有此體亦不容廢特不可率意為此
以傳讀自飾其據也

古文之有四六猶詩之有詞也詞与四六之於詩古文譬如婢妾之於夫人有夫人不妨有婢妾而竟以婢作夫人不可夫人下作婢亦不可也人秉天地陰陽之氣剛正清粹中亦時間以柔靡有時陰氣所動以四六詞洩之不使犯入詩古文譬如鉛錫自有鉛錫之用處而洩之不使錯於金銀中如如是而為四六為詞不稍無妨於詩古文且有裨於

詩古文如"碧雲天，紅葉地"一詞出自范文正公，以朱希真、西山為詞，未嘗累其理。學識以梅花賦擬宋廣平，間之家村學究之見。如若不知有古文，徒為四六，不知有詩，徒為詞，薰香剩粉，無復男子之氣矣。姜白石南宋詞家，而其詩清遒無一詞語，是其深於詞者耶。

余向者寫字好雜用篆體，久而深悟其謬。譬如篆書忽用真草夾入，豈尚成體裁耶？

時文之法與古文異古文不必如題時文必如題如其原蓋出於唐人之應試詩賦雖然應試詩賦雖必如題不過實賦其事而止無所為虛實偏全之辨如即無所為連上犯下之病也亦即無所謂鉤勒縱送之法也時文之題出於四書分合裁割千變萬化工於此技者亦千變萬化以應之不失銖寸非童而習之未有能精者也是故其考核典禮似於說經拘於說經者不知也議論得失似於談史

傷於誕叟者不知也驕儒摭拾似於六朝專學六朝者不知也關鍵起伏似於歐蘇古文標於歐蘇古文者不知也探賾索隱似於九流諸子嚴氣正論似於宋元人語錄而矢心莊老役志程朱又復不知也其法全視乎題題有虛實兩端實則以理為法必能達不易達之理虛則以神為法必能著不易傳之神極題之枯寂險阻虛歉不完而窮思渺慮如飛車於蠶叢鳥道中鬼手脫命

爭於須臾（纖悉）左右馳騁而無有失至於御寬
平而有異思盡恒庸而生危論衆之則名理
集於腕下警語出於行間別置一處不可爲
典要者附文之體也
術士談星命推運氣之吉凶其說似諛而
實有之當其運之順雖處凶而多化爲吉人
之親我毀我讃我害我所以成我當其運之
逆雖處吉而多化爲凶人之助之（成）譽之我奠
我實足以敗我歷之頗然則信乎命之實然

而毀譽可無論也

新築一埠數月而草生叢黍稷稻麥非播種不生也可見美桃中有種村農下土無不有兒女者雖滿盈則中有種或本於德之陽也陽主輕清積德所化多得賢魂願種德為上其次擇配中讀書好善之家士大夫之子往往下愚者懷德所致惡積所醞醞則愚矣積

惡之人或有覺子孫者其先世之餘慶
如　嘉慶丁卯十月晦日

梁谿漫志記一事云有士人貧甚夜則露香祈天益久不懈一夕方正襟焚香忽聞空中神人語曰帝閔汝誠使我問汝何所欲士答之曰某所欲甚微非敢過望但願此生衣食粗足逍遥山閒水濱以終其身足矣神人大笑曰此上界神仙之樂汝何從得之若求富貴則可矣

北夢瑣言唐畢相誠家本寒微其渭陽為太湖縣伍伯

相國耻之俾罷此役為除一官累致意竟不承命特除選人楊載宰此邑參辭特於私第延坐與語期為落此猥籍津送入京楊令到任具達台旨伍伯曰某下賤豈有外賜為宰相邪楊令堅勉之乃曰某每歲公稅享六十緡事例錢苟無敗闕終身優渥不審相公欲為致何官職楊令具以聞相國歎賞亦然其說竟不奪其志也近者蜀相庾公傳素與其從弟凝績曾宰蜀州唐興縣郎吏有楊會者庾氏之昆弟深念之洎遂秉蜀政為楊會除長馬以酬之楊會曰某之吏役遠近皆知忝冒為官寧掩人口豈可將數千家供待而博一虛名長馬乎

里堂

自有考據之目依而附之者有二一曰本子之學宋相臺岳氏集二十三本以校九經此其嚆矢也一曰拾骨之學其書已亡從類書中鳩灌而出若王應麟之詩考鄭氏易是也是二者富貴有力之家出其餘財延集稍知文者為之亦贊於博奕亦足備學者之參考若一生精力托此為業唯供富貴有力者之使令為衣食餬口計儻認此為經學則非也鄭氏注禮有云今文作某古文作某又有當作某讀若某云云許氏說文既採以往遂又收

以往吝既採江有洍又收江有汜既采芻述虞功又收芻救僞功傳說不同不敢執一而廢百為本子之學者不問經之旨趣而但謝舊本之多宋板之貴較量於一字半句以鳴得意不異市井牙儈終日為估客比充銀貨而已究一無所有也更有甚者信其譌誤者為真轉將不誤者改而之誤論語韞匵而藏諸釋文引鄭云韞裹也今之貯玉者於匵匣之中以纖紵裱糊作裹子嵌玉使不動搖正是如此學者據一本子改裹作褁鄭注之精乃為抹殺矣經文注文全在者採之不窮釋之無盡不

耐尋索而掇拾已亡之書夫文選注初學記之流不過詞章詩賦之士本不通經隨手摘録首尾不完莫可究詰而拾骨之人猜毛爲鴨幾何不男脛女續老顱幼戴余見纂輯尚書注者連正義取之殊可哂也是又在本子之學下矣　戊辰正月八日

人各有所近高下淺深必難一致本子拾骨之學非不可爲特非經學之盡境尒若習爲高論鄙棄一切而高溯之地究莫能窺測浮而無實尤所切戒譬如樹五穀者務去莨稗則蒿萊乃蒿萊可以供爨莨稗尚以救荒若一味去之則之

而不樹五穀惡乎可也推之論詩者恥談趙宋而三唐之聲調未明論特文者鄙薄考墨而先正之準繩未識以耳代目習為欺世之談而終於自欺而自誤故人之學高於己就而師之可也不可忮也己之學高於人引而教之可也不可矜也

吳五松太史謂余不名一物汪孝嬰謂余大公無我沈晃村謂余從善如流此三者余何敢當而志實如此余生平與朋友交必求其勝我處而學之自髫齡以至於今皆如是也

右焦里堂先生手書家訓二十九則識見超卓議論明通足以上規
顏黃門而賢嗣虎玉先生秉承家學後先濟美知其有所自矣如謂朱
考亭之學同符康成周濂溪之說無極實發漢儒未發之旨則深病當
時為考據之學者門戶私見牢不可破故為會其通後來陳東塾講通漢
宋而先生實為先覺又如目校讎為本子學輯佚為拾骨學言似過當然
先生特為時之棄本逐末不知鑒別置大義於不問流為瑣碎無用者有為
言之耳故次條即下一轉語謂本子拾骨之學非不可為特非經學之盡
境則其意可明且與雕菰樓集中辨學與孫淵如論考據著作書諸文
相參證也蓋先生學主會通不尚墨守不事皮膚此阮文達公所以目為通

儒概中有紀年兩條一為丁卯十月晦日一為戊辰正月八日棠先生生於乾隆二十八年癸未卒於嘉慶二十五年庚辰年五十八則丁卯戊辰為年四十五六時也是書不載阮文達所撰傳中僅見李斗揚州畫舫錄云焦氏教子弟書二卷不知何時兩卷分散此卷仍在揚而又一卷則展轉入皖光緒時吳兩湘始鈔得合刊入傳硯齋叢書始有傳本今皖卷在高氏吹萬樓此卷為諸君仲芳所獲余曾欲與高藏作緣合并而未果因書其後以識眼福時歲在癸未季春月補安王大隆書於抱蜀廬

癸未五月夏至日葉景葵敬觀

里堂家訓

儒者以治生為要一切不善多由於貧至於貧而能堅守不失非有大學問不能莫如未貧時先防其貧防之道如何曰勤曰儉曰量入以為出王制云以三十年之通制國用量入以為出魏唐詩蟋蟀首章云職思其居次章云職思其外末章云職思其憂居謂日用飲食之常外則冠昏賓祭憂則疾病凶荒水旱

籌之則知所出，又量歲之所入以準之，以此籌家自無遺乏矣。所入不足以食而寧食粥，所入不足以食飯寧食粥。乾隆丙午七月值旱荒之後，囊中米已盡，唯有麥數斗及碎米麩而已，計之不能延兩月，乃賣麥買山藷煮食，遂得寬裕。不然則半月而麥盡，其月餘者將餓矣。不甘其餓，則有不能自守者矣。故欲自守者必先籌其不至於餓也。

貧者不以貨財爲禮若貧者以貨財与
人則非禮也不讀書之人誤以貨財与人
爲禮甚至典衣稱貸以爲饋遺之節用
眞陋習也乾隆丙午秋八月余外舅阮丈
七十生日時家道已極寡僅有錢四百
与婦常因而稱觴之用丈之他壻皆
盛其儀物婦頗以爲愧余舉禮說說
婦亦怡然蓋禮足以勝情如此
子弟須使之有業士農工商四者皆

可為善不為非則閒民矣閒民而後無所入無所入則饑饑則無所不為四民之中執其一業歲必有所入有所入而量以為出可不饑矣

讀書之士至以鮮衣美饌誇耀于人是惑也至日在外應酬不得不然此猶可笑士以課徒為業何用應酬

家之不幸莫如不肯教子弟教子弟讀書不可不專不可不嚴人于他事或有不能且讀

書未有不能者，不必問資質之清濁，只以讀書一途導之驅之，未有不能者也。其讀之不專成者，皆教之不專不嚴之咎也。幼時先使之識字，即愚，一日識四字不難也。自六歲至十二歲，可識萬字矣。至此，使為之解說字義，分析平仄，繼之使習時文，使習詩，使習書法。此三者少有可觀，庶可入學。入學庶可以訓蒙謀食，此根本也。根本立，則必使之知經學、史學及典章制度、六書、九

數天文地理以漸而博洽貫通若資質過人則習時文時便可博覽然究以時文為主

所謂根本者習時文習詩習字少有可觀也不必定在入學後總之習一事必期于實有所得最忌虛名假托風雲月露之詩無題目之束縛無規矩繩尺易於作偽故子弟學詩必以試帖或使之詠物只以工穩和協切題期之

時文自有時文之繩尺，不可入于卑俗，尤不可入于孤高，不可入于拙滯，尤不可入于放縱。余別有論時文之書，守之可也。

生二子，必曰：資質愚，不能讀書，一可恨也；既入學，便以為已成，不復窮究經史，二可恨也；生質稍可讀書，便以虛名誇飾于人，不使實有進益，三可恨也；府縣試稍微前列，歲科試間列高等，便自謂為名士，四可恨也。貪緣奔走以求仕路，不顧生計，不實不讀書，亦可恨也。

狗鼻畏寒，凡臥必以尾掩其鼻，方能熟睡。或欲其夜警，則剪其尾，鼻寒無所蔽，則終夕吠警。癸辛雜志

曲洧舊聞云：隆德府屯留縣王諱字宣叔，家貧，以訓幼學為業，屢取鄉薦，而於省試輒不利。每赴省試，必夢胡僧，姿狀雄偉，謂曰：君此行徒勞耳。君骨相雖主有才，而不應得祿位。壽可過耳順，外是非余所知也。年五十餘又將赴省試，夢前僧相賀曰：君是舉必登第，無

猶矣夢中詰之曰師向語我不當得祿位
今乃云登第何也僧曰以君教道童子用
心篤志不負其父母所託為有陰德故天
益君算而報君以祿位遂於馬渭橋下賜
第歷官數任以奉議郎致仕年七十
有七卒於家此亦可為訓蒙者勸余
生平於此自信可無愧願子孫識之乾隆
丁未葉霜林以其子托余教之謂余曰不願兒作
狀元願兒作通人幸勿拘以時文詩賦也余自以

然未有不爲通人所嗤之者乎？授以時文，使之先以律，以韻訓蒙，嫺口道之，風氣教子者多以爾雅汩其性靈，余每力爲之挽，而不肯靡于風氣者。

唐人高彥休《唐闕史》載鄭瀚一事云：尚書鄭瀚尹正圻南，日有送父昆弟之孫來謁者，力農自贍，未嘗干謁，拜揖甚野，冠帶亦古。鄭公之子弟僕御多笑其疎質，公心獨憐之，將致書於郡守

與一尉將行之前一日召錫侄與之食會
有蒸餅鄭孫搴去其皮然後食之公
大嗟惋曰皮之與中何以異耶吾常
病澆態譌俗思得以還淳返樸故懷
子力農幹衣謂中能知稼穡之艱難奈
何浮囂有甚綺紈亂真異耶因引手
索所棄餅表（按餅表謂所搴去餅外之皮也）鄭孫錯愕失
據器而啖之公則盡食所棄斥歸鄉
里又曾敏行獨醒雜志云王荊公在相

侄子婦之親蕭氏子至京師謁予〻約
之飯酒三行初供胡餅二枚蕭啖餅中間
少許畱其四旁予顧取自食之其人愧
甚而退余見今市井兒食餅頗有如是
者或其食也揀擇其美者家每見深惡
之錢氏二條以戒後人
程易田亦政錄載教學恒言數則云一要
惡俗儒氣君子行禮不求變俗〻亦禮
也如其禮有明文而顯悖之村夫野叟

婦人女子行之不以為怪業已習儒而同
而合之是謂俗儒俗儒者鄙俚無識
也一要無腐儒氣知有聖賢而不能得
聖賢之趣欲學君子而未嘗聞君子
之道是謂腐儒腐儒者迂疏無能
也一要無寒儒氣縮手噫氣斂指搔
足惡之而無可惡慊之而不足慊是謂
寒儒寒儒者筋骸不束也一要無名士
氣少年稍知弄筆往往有不虞之譽然

学問無窮身中正優何有而乃栩栩得
意白眼看人是為名士氣名士者目空
一切也一要無才子氣作詩填詞一味尖刻
出言輕薄制行無檢其又甚則畫墨不
飾帷薄不修以此為才所以不才者多
也可惡也亦未嘗不可憫也後生小子天
性稍不淳學問子之名最易陷溺宜亟
急戒可不慎哉
費衮梁谿漫志云司馬温公獨樂園

之讀書堂文史萬餘卷嘗謂其子公休曰賈豎藏貨貝儒家惟此耳當知寶惜吾每歲以上伏日及重陽間視天氣晴於日即設几案于當日所側羣書其上以曝其腦所以年月雖深終不損動至于啟卷必先視几案淨潔藉以茵褥每看完一版即側右手大指面襯其沿而覆以次指面撚而夾過故得不至揉熟其紙每見汝輩

多以指爪撮超甚能辱意
貴倫餘談云宗向柳與顏璲友善及
璲貴柳尤貧素不推讓之戒戒之
曰名位不同禮亦異數卿何更作曩
時態耶柳曰我與士遊心期久不可
一旦以勢利害之及柳以事繫獄屢
請于璲璲不敢柳遂伏法夫富貴者
固當念故舊而勿遺貧賤者不可恃
故舊而自肆但各盡其道可也然恆

人之情既富貴則忘其久要尚困窮則過于責望宜乎枘鑿之不合矣然則何處而當也彼欲見我耶固不可拒亦不可數也固不可諂亦不可狎也彼或忘我則謝絕之而已

宋朱彧可談云近世長吏生日寮佐畫壽星為獻例不受必却回王安禮自執政出知舒州生日屬吏為壽或以他畫紅繡囊緘必謂退回王忽令盡啟封掛于廳事標所獻人名

術于其下良久引客焚香共相瞻禮其間無壽星者或用佛像或神鬼一兵官乃崔白畫二猫既至前慚懼失措或時有囊緘墓銘者盡不敢展非徒失獻壽之意必須貽禍小節不可不戒古人不欺幽隱正謂此類余見今俗人以物偶人度其不受或以水代酒以石代金觀前談此條則昔人已先有戒乎此矣經列以貨財為禮寧薄而不可偽與其偽不如勿以貨財也

生員爲人作訟證雖繫株連法亦戒飭何也蓋所以株連者必由平日不閉門讀書而好管閒事也果不爲人居間何株連之有故讀書者自讀書不可爲人居間說事也

蕭山汪輝祖有佐治藥言一書皆爲作幕者戒也吾採其二條云吾輩游幕之士家累素封必不忍去父母離妻子寄人籬下賣文之錢事畜資焉或乃強效豪華任情揮

霍姓裘馬美衍勝已失寒士本色甚且嬖倖童狎娼妓一讌之費賞亦數金分其餘貲以供家用嗷嗷待哺置若罔聞當其得意之時業爲識者所鄙或一朝失館典質不足繼以稱貸負累既重受慝漸多得館之後情牽勢絆於際其守終難自主一云寒士課徒者數月之脩少止數金多亦不過十數金家之人目擊其艱是以節儉相佐游幕之士月脩或至數十金積數

也其初不甚愛惜其後或至浪費得館僅足以濟失館亦至于斷讀所謂擱筆家也余亦嘗寄人幕中數年每日自食不離蔬腐衣帽仍舊且敝者目見他人之以盡浮敗者多矣閱汪君之言而爲慨焉繼之子弟不可不讀書能耕則耕不能耕則訓蒙作幕客之想不必有也

南窗紀談記呂文穆父子兄弟相繼居顯位而家無餘財家人嘗訴日用乏絕

其弟正蕙嘗曰通得三日則更營三百生計如是足矣此在顯貴足見高節吾儒生而作如是談則謬矣藉訓蒙之所入以給一家口食必通計一歲所入以為日用之所出若只顧三日而浪用去之則是所入不足以供一歲之食勢必借貸或干與外事余見史書中每稱不計家人生產此最足誤人聖人治

天下首在于養孟子曰無恆產而有恆心者惟士為能士無恆產假手耕以為俯仰之資不能愛惜此資何恆心之足云一學友訓蒙為活衣食頗裕舊肄業安定書院月餼一金丹陽吉渭崖先生來作院長稱其文有王文恪之風奬諸轉運倉公增其餼每月三金已而試于學使者列高等補廩膳生又獲美館歲所入較前不啻五六倍不數年以負債失

信于人竟自縊死蓋始而入少日用節嗇
得不足既而入稍增不自持食用既侈
往來酬應遂盡至於以身殉之子孫不可
不以此為戒

里中吳氏自　國初來湖居其族頗稱饒
裕乾隆間諱重光者以舉人挑為山西
陽曲縣陞代州知州于是族人皆依之
習于官署之風氣不知儉節已而代州
以事罷官族人歸而失業遷散流離不

可究詰向令代州不仕其族未必如洗若是也余前年舉于鄉親族中有書謂余曰君不日作官吾輩賴之矣余領之而勉以毋失業子弟當懲此意

桯史記望江二翁事輟耕録記李慶四釋怨孫皆足爲法備録之望江二翁事云舒之望江有富翁曰陳國瑞以鐵冶起家嘗爲其母卜地青烏之徒輻集莫適其意有建寧王生者以術聞延之踰年始得吉于近村有張翁者業之國瑞治家未嘗問有無一以誘其子王生乃與其子計所以得地且曰陳

氏卜葬環數百里莫不聞君以實言則龍斷取貲未易厭也于是僞使其治之隸以張翁家議圈豕君以禱者因眦其山木之美而譽之曰吾治方之炭此可窆以得貲翁許之乎張翁固拂擬也曰諾居數日復來遂以三萬錢成約國瑞始來相其山大喜築垣繕廬三閱月而大備遂葬之明年清明拜墓上王與子偕忽顧其子曰此山得之何人厥值凡幾子以實告又顧王曰彼不以許賤則爲直當幾何曰以時價商之雖廉猶三十萬也國瑞亟歸命治具鞍馬謁張翁而邀之至則館焉盛設醞相與款洽者幾月語不及他翁既久留

將告歸復張正堂而讌之酒五行輦錢緡三百賓之所實纏
於匯酌酒於斝而告之曰亭葬亭母人謂其直之賤請以此為
翁壽翁錯愕曰吾他日伐山而薪不盈千焉三萬過矣此惡敵
當國瑞曰不然葬而買地宜也詭以為治則非也余子利一時
之微以是紿翁人皆曰直實至是敢用以為請凡亭之為將
以愧吾子之見利忘義者翁卒辭曰當時固已許之實又過值
子欲為君子老夫雖賤可強以非義之財邪固授之往反撐
拒詰旦拂衣去國瑞乃慙其子曰汝實為是必為我致之不得
已寄名其子昇焉曰是猶翁也翁竟不知

司大釋怨結婚李去揚州泰興縣馬馳沙農夫司大者其里中富人陳氏之佃也家貧不能出租以輸主乃將以所佃田轉質於他姓陳氏田旁有李慶四者亦業佃種潛賂主家兒素用事因以利啗其主主聽奪田歸李氏司固無可奈何既以穀田不相倅輕其值十之一司愈不平會歸而李興嘗所用力及為券者殺雞飲酒司因隨所之李欲卻司輒先將一卮酒飲之司忿恨去對妻語所以與李仇之故妻苦口諫曰吾之窮命也奈何仇人哉不聽夜持火往燒其家忽聞內有人嘵司竊念吾仇者其家公也何故殺其母子遂棄火溝中而歸司無以為養生計即所償錢為豆乳釀酒貨賣以給食久之不復乏絕更自有餘而李日益貧更十年李復出所佃田質陳氏

司還用李計復其田過種之錢比前又損其一爲秀甚值前人相視驚歎司紀爲李所辱時令李可一根遂復其雞酒亦如之李忘前過不自責反怨薄己怒甚歸積膏火破盎中夜抵司家司妻方就蓐李猶豫間聞人啟户懼事覺遺火亟走而司家實不有人旦得火器湯中驗器底有李字因悟昔我焚彼家以其家人産子不欲焚今彼焚我家而我之妻亦産子而不被焚此天也非人也持錢五千往李曰昨日小人無狀失禮義不得共飲兹頗少伸謝意幸毋督過李疑給以疾卧不起强請不已遂同之酒家遂酤兒與飲酒半自起酌酒勸李曰子之孫某年月日夜子時生而吾子亦夜有子時生怨仇之事慎勿復爲其白前所仇事灑酒爲誓語酤兒曰子識之試用此誓世間人不善慎勿爲也則飲盡歡乃更約爲婚姻自是李亦不貧而家至今豐給

滋陽牛運震空山堂文記書王勳還金事云勳少喪父貧落父乃遺負倪氏五百金倪氏未嘗言也然勳微知之亦未知其如干券數久之勳家稍稍振因戚友求倪券驗議還其金倪氏恚曰王君乃不長者我邪我豈向王君索負者客且大飲啜勿復言王券事後王氏客抵倪門如索債者數輩倪恚大飲以醇酒且繼傳極歡終不得開說券驗事以爲常最後請靳子等三人抵倪氏靳子大言曰今日爲王券事來今日不傳不飲敢君速檢王債目示我無則不出君門倪爲靳所持強登樓檢債籍得王氏負目敗麈中出以示三人則粲然五百金也初靳子

不意王負多若是及是徵色黜三人者瞠目視而倪氏曰我初無意索王君
負君三人因胡我〻不出此無以謝君此唯王君及諸君若何耳我何知有五
百金靳子因過語勸且致倪氏言勸仰面視靳子君等乃以我為償金而求
讓金者邪因泣然曰此我亡父負也韋謝倪及諸君孰能起亡父受讓負
者縱少復一金如吾父地下反側何居二日卒滿致倪氏五百金而為辭以
告其父叟招戚友與知其事者大飲噉極驩而散

人負我債而其人力不能償我因不索而毀其券此盛德事尚
非難也惟我負人債而勢可以不償而竭力以償之則仁者事矣
先君子病時於債負之可以不還者紹于後循等負之陸接以良
田而還其券越半月　先君子即逝〻後乃知其事後人識之

韓昌黎言古之民也四今之民也六六者四民之外有僧與道士也吾謂六者之外又有四民曰倡優隸卒此四者人之所賤然既失業不為僧與道士即得為倡優隸卒夫生一子而終至於是固祖若父之所不願也而究之皆祖若父致之何也不使之有業也吾家有書可讀有田可耕宜以讀書為業子孫當世世守之吾見名人之後

至于不識字總由姑息不使〻習舊業〻且儒者子孫失業有兩端一由作宦一由娶婦于市井之家市井之家不知書為何物姑息其子遂至流為屠沽作宦則所見所聞皆浮華而不實此二者當慎之也

易曰家人嗃〻未失也婦子嘻〻失家節也嗃〻嚴也嘻〻肆也肆則失嚴則未失故處家寧失之嚴不可失之肆

弟子入孝出弟即次以謹而信誠子弟之
要也能言便須戒其虛誑一生誠實之根
至此言不忠信行不篤敬不可行於州里不
可行於州里則欲不負之失所也雖矣十條
歲能識字自當教之以詩然必取唐詩中
真切有味者授之使之動盪其血氣而
涵濡其性情不必急之所以能詩是也若
使以風雲月露之套語使之依樣胡盧
成文代為粉飾　于是倡和流連詩義四

出讀書之本來是名士之習已成無論老成之士見而鄙之而從之以虛偽之名誤其一生果誰之咎也至於婦女偽取詩名尤為可笑吾曾祖母卞孺人真能作詩作畫後深悔曰此非婦人事乃力田治家以主德教家人戒不為詩吾嫡母謝孺人亦知書而不看詩曰與其有工夫看無益之詩何不看古人賢孝故事此真足為後世法也

許汜曰陳元龍湖海之士豪氣不除劉先主曰君有國士之名今天下大亂帝王失所望君憂國忘家有救世之意而君求田問舍言無可采是元龍所諱也此先主折將士之口而廣劉表之見故又云元龍文武膽志造次難得比讀史者不尚論其世往往畧因舍而不言以元龍百尺樓自卧究之進退失據流為得薦殊不嘆也先主表以君士所任方面憂國忘家分之所宜許汜避亂之不暇

何況世之有名稍高此者正宜隱居田舍爲諸葛之躬耕南陽王烈管寧之潛居海表乃真百尺樓上人也自託園土以食諸侯是富郡之亭地耳且先生之言亂世言之也身盡壽考惟宜安分守命節儉存慈不妨買數畝田課耕自給百尺之樓不顧其卧也且登其高爲曹孟德謀縛呂布而推誅陳宮之遂守東城江西之土盡蕪（江西即江北非今之江西也）蓋希苗攸貫調之列猶不可得先生豈真許之登

之為人余亦不取

田宅之賣〔買〕与乃不過消息於四五十年

之間遠之在孫近之在子甚則自身得之

自身失之往來之機天道而人不能強者

也置田舍所以自給苟足衛荒不必刻苦

經營以求多亦不必成方但取得李稱以

供口食仰給〔津〕俯畜而已以錢值之筱良田尤

不可存此見彼棄田者自生窘但多一錢

可濟一錢之用或不足而棄田亦不可以層

田而待售價盡棄田非因負債不可
却中將得貲則為生理負債有子錢一
日不償則積累一日待一年而田價未必
增子錢轉益累矣棄田生理中自度
貿易之才操守之節不然自其本情不
若自損日用之費仍存田地吾見棄田
生理者每虧折以速其貧或有貲在手
不知營運鮮衣美食數年而盡於手
食子孫可悲也余丙午丁未間止有

田二百畝，而負債甚多，乃以賤值棄其

半，一朝而負債盡清，如居荊棘中得

出，又如陰雨數十日，忽見日光，大快者也。

已而與阿弟析之，得田三十畝

乃撙其衣食，減其酬應，吾耕湖口，今二十

年，且有所儲蓄，時有為余謀者，令棄

此三十畝，或棄其半，以積資稱放利，或

借人得子錢，較田所入為多，余不自吾。

余思積資稱取利，非己智力之所勝，借

人得子錢，非安穩法，人宜用其所長，不可

用其所短筆耕亦耕已所長也立意守此田舍以至今日向令鬻田而不償責棄田而別營生理中丞一無所成不知作何底極光景矣後人宜念之

陸稼書先生撰崇明老人記云崇明縣中有吳姓老人者年已九十九歲其婦亦九十七歲生四子壯年家貧鬻子以自給四子皆為富家奴及長咸能自立各自贖身娶婦遂同居而共養父母卜宅於縣治之

西列肆共五間伯開花米店仲開布莊叔開醃臘季開南北雜貨四舖並列其中一間為出入之所四子奉養父母曲盡孝道始擬膳每月一輪家周而復始其媳曰翁姑老矣若一月一輪則必歷三月後方得侍奉顔色太疏復擬每日一家周而復始媳又曰翁姑老矣若一日一輪則歷三日後方得侍奉顔色亦疏乃以一餐為率如早餐伯則午餐仲晚餐叔則明日早

餐季周而復始若逢五及十則四子共設於中堂父母南向坐東則四子及諸孫輩西則四媳及諸孫媳輩分昭穆坐定以次稱觴獻壽率以為常老人飲食之所後置一櫥櫥中每家各置錢一串每串五十文老人每食畢反手於櫥中隨意取錢串即往市中嬉買果餅啖之櫥中錢缺則其子潛補之不令老人知也老人間往知交遊或博奕或摴蒱四子知其所往隨遣人齎持錢二三百文安置所遊家並屬

其家伴輸錢於老人老人膝輒踴躍持錢歸老人亦不知也亦率以爲常盡數十年無異云老人夫婦至今猶無恙其長子年七十七歲餘子皆須白孫與曾孫約共二十餘人崇明總兵劉兆以聯表其門曰百齡夫婦齊眉五世兒孫繞膝洵不誣也託之以告世之爲人子者

張志淳南園漫錄云予郡有符丁

二姓相友善丁後病而有子支漫不事生產丁乃以白金若干託符曰子支漫不事生產恐身後即耗傾爲寄収而訓使治生改則畀之不可改則君之物矣符許諾日過其子告以其父命之篤子稍改悟曰悵無貲以營生計符許借之備而叩之果不費則勗之焉踰時再詢而叩之曰恨少耳若多假焉生獼遂

矣則再借之如是者三子曰若得若干業可成矣符知其可也則日汝當具牲醴來吾為汝轉假其子如命往符則以其牲醴置丁之靈几前為文告曰君不鄙予托予以子而委我以財今君之子克家矣財凡若干兩盡以付君之子君可以無慮矣遂歸時丁頗裕而符更窶財不相負而又能忠誨

其子俾可成可謂難矣郡人盡能道其事志淳雲南永昌府人書作於明嘉靖間

閻百詩年四十四自稱春雨老人引杜少陵詩爲證余四十五亦稱老人本百詩例且古人恆言不稱老爲親在而言也余無父母矣自稱曰老人又所以自勵也

江都焦里堂先生敦樸好學，淹貫經史，擧凡天文步算、九流百家之說，皆有深詣。文工詩古文辭，言行卓犖，先推通儒。等身著述，已先後刊行。有家訓二卷，以詒令子，嘗示著其要，為治學立身之大節。論治學，以博學為作文之本，作文為宣學之器，又以規矩繩墨定其是非，一以純正為旨，不持門戶之見。論立身，則以克勤克儉、尊儒崇道、安分守己、慎交擇游為修養之主。蓋皆自述生平躬行實踐所得，教其子弟，親切可行，非空言高論所能擬也。即今時移勢異，修治豈有變易，精義允難泯滅，百世後當永堪師法。是書初未付梓，道咸光緒中，儀徵吳氏始刊入傳硯齋叢書中，流傳未廣，世不多覯。吾友同邑諸君仲芳，精鑒藏，兵燹後曾獲墨蹟一卷專論治學之徑，承椿示命題，並謂金山高君吹萬六藏一卷，綜論立身處世之道，與此適相附麗，惜無緣劍合為憾。竊念本館方有叢書之輯，夙知高君樂於流通者，遂乞一瓻之借，就商諸君，併付景印，庶兩卷離而復合，名言懿訓，式昭方來，豈不盛與。會諸君亟將江都袁君鶴松、潘君炳臣、冷君榮泉，雅重鄉邦文獻，有志闡揚；上海楊君季康又贊助之，慨然醵金，爰授墨版，列為叢書第十一種。從此先哲遺墨，快睹士林，羣彥流通，雅懷與夫樂助盛舉，其功德洵不可沒已。刷印既竣，因志其顛末於此。中華民國三十二年七月二十二日吳縣顧廷龍

【清】丁晏

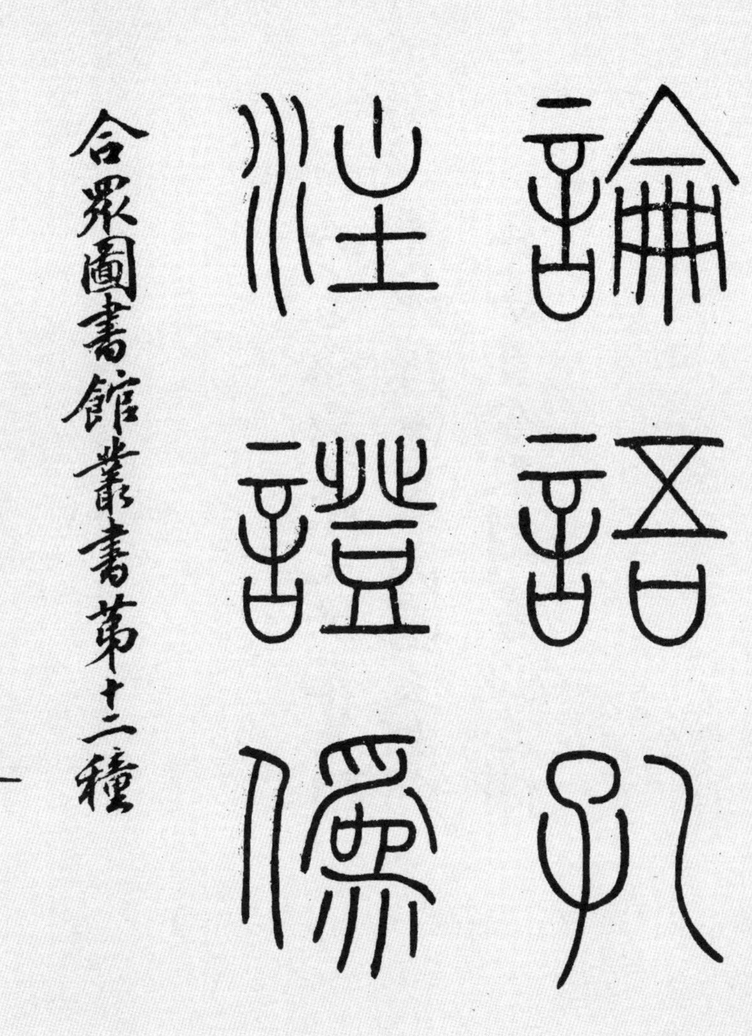

論語孔注證僞

合衆圖書館叢書第十二種

一

此書承鄭陳文洪先生捐貲印行中華民國三十四年四月合衆圖書館志謝

一

敘

昔讀淮安閻徵君尚書古文疏證歎其窮究僞書之蹤跡若然犀以燭幽怪無所不察其心力之所至若瀉水銀於地無孔不入自徵君以後學識精悍能爲繼起者葢亦鮮矣丁明經晏如徵君之同里也生徵君後百餘年而能紹鄉前輩之學觸類而引伸之又相其説之所不及而補成之爲論語孔注證僞一書入都應朝考予因得見其書葢其要證有四一曰兩漢諸儒皆不言孔某爲論語訓二曰孔注不諱漢高祖名三曰孔某卒於武帝元狩之末不得至天漢後訓解論語四曰孔注與書傳家語孔叢説多相似因是斷爲王肅所僞托舉千數百年之愚惑一朝而盡解之其識卓矣去年明經索序於予予匆遽未能執筆今年銜命典試浙江道出運河舟中多暇乃略道梗概以附

於明經之書夫明經年甚富而學之精鋭已如是况循是而日進焉則博益博精益精寖與鄉前輩相頡頏又寖與古經師相頡頏而又烏能測其學之所至哉道光元年歲在辛巳七月既望高郵王引之敘

自序

曩鄉先生閻潛邱徵君著尚書古文疏證八卷證明僞書學者奉爲定論然其卷二以論語孔注證書傳之僞蓋猶以論語注爲安國作而不知亦以僞證僞也夫安國古文論語見于漢埶文志然班志論語古二十一篇自注云出孔子壁中其下載齊魯篇數及齊魯之說而古論語獨無說則知安國祇傳古文固未嘗有說也荀悅漢紀稱武帝時孔安國家獻古文論語王充論衡稱安國以論語教魯人扶卿漢儒具言其傳授而不言曾作注解至魏正始中撰集解乃突有孔注廁其閒則此孔注其必非安國所作明矣及讀王肅家語後序云安國撰衆師之義爲古文論語訓十一篇尚書傳五十八篇始悟論注書傳俱一手所依托特于家語後序著其篇目家語爲肅所僞作則書傳

論注亦肅所依托為之者也考何氏撰集解肅時正仕于朝今集解中已録王注其為當時推許固可概見肅因詭稱有孔安國訓解為論注之最古者何氏寡識采以入書集解何序云古論唯博士孔安國為之訓解而世不傳其云不傳者以漢志不載孔注肅慮後人滋疑故托言不傳為人世希有之本以售其偽觀何序稱孔注為訓正與肅後序脗合則論語古訓必出于肅手無疑也且古經傳皆别行自馬融欲省學者兩讀始經注並載今孔訓文義皆就經句下為之亦非西京時所有左傳為漢世所不行孔訓臚舉甚詳又多犯漢初諸帝諱皆灼然可疑者若其文字細弱淺易無西漢質厚之意其為偽托又不待智者而知矣余自幼年即疑是書之偽然未敢有言也久之確見其贋駮詰遂多辯說既繁為論語孔注證偽稿凡五易編

爲四卷并以尚書孔傳與肅注比例以求證書傳亦肅所
依托以補潛邱之所未及世有好學深思者必以余言爲
然姑藏篋中以俟知者嘉慶丁丑仲冬山陽丁晏自序

論語孔注證偽發凡

是編剏始於甲戌仲夏迄乙亥季春甫脫稿藏之篋衍時有損益逮丙子始質於里中春園汪丈椿丁丑又就正同郡萬坪蘇丈秉國皆謬為許可迺重加排纂釐為二卷顏曰論語孔注證偽取小顏漢書儒林傳注證明其偽語也何氏集解皇邢本互有異同今以邢本為正閒以皇本參之

下卷詳及書傳之偽凡潛邱松厓諸先生所已言者概不復及

安國之字史漢不載孔叢及家語後序俱云子國乃作偽者杜撰蒙所不取又有稱孔安者魏收魏書禮志云淹中之經孔安所得駢語割裂幾於不成文理今從唐人正義例稱安國或稱孔氏

家語後有序一篇漢蓺文志顔注引直稱家語而書序孔疏引稱家語序玉海藝文類引稱家語後序經義考書類引稱家語附錄安國傳今從王氏稱後序

鄭注論語間見於集解釋文惜全書不傳聞近人有輯本寶楠案鄭注海甯陳鱣有輯本武進臧庸有輯本陳本書坊中間有之臧本泰州學正宋君翔鳳刊據宋君自敘非用臧本購訪不得惟余氏蕭客古經解鉤沈頗爲蒐集然多訛舛如毛詩漢廣疏引乘桴浮於海注云桴編竹木大曰栰小曰桴小雅信南山疏稱論語注引司馬法云井十爲通通十爲成成出革車一乘皆与馬融注同儀禮疏引吾不與祭注云孔子或出或病不自親祭使攝者爲之不致肅敬於心與不祭之同與包咸注同禮記檀弓疏引故舊無大故注云大故謂惡逆之事與孔注同今鉤沈俱標爲鄭注雖疏家之例不稱名者或係鄭注然此數條悉與馬

包等同安知所引者非即馬包諸人之注余氏既無他書可證而概指為鄭注失其實矣又鈎沈稱書疏十三鄭注蕢土籠也今旅獒疏引鄭云蕢盛土器其訓土籠則係包注後漢書張衡傳章懷引下學而上達注云下學人事上知天命與今孔氏正同其為孔注無疑鈎沈亦稱鄭注甚誤文選琴賦李善注引孔安國曰屏除也乃屏四惡下孔注鈎沈又誤為鄉黨屏氣下脫文凡遇此等疑似不敢濫行採入諸所稱引鄭注皆平日繙閱羣書細心采獲原本具在覽者可覆勘也承譌襲謬蒙竊病焉

慨自綴學之士意在矜伐性好非毀便辭巧説持議太苛蒙所不敢效也更有妄下雌黃鈎鈲析亂裨販攘竊夸耀凡庸蒙尤不願效也（文淇案蒙所不敢效也擬刪蒙尤不願效也擬改）蒙末學膚受惟是專心研求近於為實自知漏見必有乖違所冀英

儒贍聞匡所不逮寶楠案既自一段宜删

晏如甫志

論語孔注證僞目次

卷上

卷下

論語尚書孔注俱王肅僞撰論注行於當時書傳至東晉始盛行

安國爲古文論語訓祇見家語後序而後序僞妄無一可信

論語孔注證偽卷上

淮安山陽丁晏著

魏何氏集解敘言孔訓不傳始見於家語後序實出王肅依托

魏何氏晏萃諸儒之注論語者附以己說為集解十卷漢則孔安國馬融鄭玄包咸周氏魏則陳羣王肅周生烈凡八家諸儒之中唯西京安國為最古乃其敘曰古論唯博士孔安國為之訓解而世不傳夫既云不傳而集解所引孔注將何自而引之乎此固大可疑者也因遍閱兩漢之書無有言安國訓論語者直至王肅家語後序突云天漢後魯恭王壞夫子故宅（案天漢後恭王殁已久必無壞宅事辯見下卷）得壁中詩書悉以歸子國（後序云安國字子國）子國乃考論古今文字撰衆師之義為古文論語訓十一篇孝經傳二篇尚書傳二十八

篇皆所得壁中科斗本也因悟論語孔注與尚書孝經傳俱一手偽書特於家語後序著其篇目以取後人之信家語既為王肅所偽撰則此論語孔注亦即王肅所依托也考何氏撰集解時肅正仕於朝當時萃集經注以肅為當世名儒必多諮訪論語孔注即得之子雍家以世絶無傳本故云世不傳也

或問集解敘言孔訓不傳將毋并孔壁之真古文而亦莫之傳歟余曰否王充論衡正說篇言論語壁中古文孔安國以教魯人扶卿案扶卿即漢書藝文志稱傳魯論者魯扶卿張禹傳稱魯扶卿說論語是其人也扶卿兼通古論是西漢之傳古文者也集解敘云順帝時南郡太守馬融亦為之訓說漢末大司農鄭玄就魯論篇章考之齊古為之注邢疏云後漢順帝時有南郡太守馬融亦為古文論

語訓說隋書經籍志七錄有鄭玄古文論語注十卷是東漢之傳古文者也然則孔壁真古文未嘗不傳其不傳者特後出之注耳嗚呼注為魏人所作世安得而傳之哉

或問肅偽撰孔注何氏曷為尊信而取之魏志王肅傳云時大將軍曹爽專權任用何晏鄧颺等肅與太尉蔣濟司農桓範論及時政肅正色曰此輩即宏恭石顯之屬復稱說耶是肅與何氏同時人不宜為所誑如此余曰唯唯否否集解敘不言成於何年陳壽志亦失載此事陸氏序錄邢氏正義謂正始中是也考魏志齊王紀云正始二年帝初通論語使太常以太牢祭孔子於辟雍何撰集解必在此時其時曹爽專政何阿附之故共事者有爽之弟曹羲也集解敘光祿大夫關內侯臣孫邕光祿大夫臣鄭沖散騎常侍中領軍安鄉亭侯臣曹羲侍中臣荀顗尚書駙馬都尉關內侯臣何晏等上又王肅傳云正始元年出為廣平太守公

事徵還拜議郎頃之為侍中兼太常言以公事還者疑即撰集論語事也文淇案言以公事還二句擬刪以公事為撰集論語無實據今集解敘稱太常王肅是在元年拜太常之後適當正始二年撰集解時也文淇案正始二年肅年四十七歲邢疏云集解正始中上之不必定在二年肅于嘉平元年猶為太常無以見拜太常之後即在撰集解時也○大士案肅為廣平太守以公事徵還歷官議郎侍中遷太常尋坐宗廟事免官後為光祿勳從為河南尹嘉平六年夏持節兼太常前後相距十餘年何氏集解撰成于肅拜太常之後故稱太常王肅而公事徵還尚在廣平太守初拜議郎之時則公事徵非即撰論語事矣是時肅年纔踰五十詳後見當時尊之已如耆儒碩學故既出己注令集解中有王肅注是也付何晏等編入復出其偽撰孔注命採錄之為何氏者志不務學華偽浮虛管輅傳注引輅別傳譏何晏語既不能如樂安孫炎之駁難東萊王基之抗衡其尊信而取之不亦宜乎

又案何撰集解當在正始二年歷八年大士案蜀後主延熙四年歲在辛酉是為魏正始二年自辛酉至己巳為蜀延熙十二年魏嘉平元年共九年此作八年似宜改為嘉平元

年何氏以與曹爽通姦謀誅（見齊王紀及曹爽傳）王肅傳稱嘉平六年肅猶持節兼太常逮甘露元年乃薨是肅之卒且後何氏八年矣（文淇案魏志王肅傳評曰劉寔以爲肅方於事上而好下佞己何氏尊信肅說佞之也）又案集解魏凡三人陳羣王肅周生烈是也王肅傳後稱魏初徵士燉煌周生烈裴松之注云姓周生名烈邢疏引阮孝緒七錄云字文逸本姓唐魏博士侍中魏志無周生烈傳其存歿不可考惟隋書經籍志有周生子要論一卷錄一卷魏侍中周生烈撰唐馬總意林引周生烈子四條其自序略云六蔽鄙夫燉煌周生烈字文逸張角敗後天下潰亂哀苦之間故著此書以堯舜作榦植仲尼作師誠云考後漢書獻帝紀張角敗死在中平元年周生子以是年後著書至少亦當二十餘歲由漢中平元年迄魏正始二年歷五十九年年已八十餘（文淇案此處擬改云由漢中平元年迄魏正始二年）

年已八十餘當亦未必存矣寶補案欽明言近故司空陳羣太常王肅博士周生烈陳羣言故周生烈不言當是尚在故陳羣傳稱青龍四年薨先撰集解時五年卒文淇案五年二字擬刪獨王肅以現在而入書當時尊其學如此

或問魏時尊崇肅學於古亦有徵乎曰有肅傳稱為尚書詩論語三禮左氏解及撰定父朗所作易傳皆列於學官其所論駁朝廷典制郊祀宗廟喪紀輕重凡百餘篇又高貴鄉公紀甘露元年命講尚書帝問曰鄭玄曰稽古同天言堯同於天也王肅云堯順考古道而行之二義不同何者為是博士庾峻對曰賈馬及肅皆以為順考古道肅義為長肅於是年甫薨當時已黜鄭而從王如此平叔親見其著作之書列在學官其為所壓服而不敢出一言以議之有自來矣夫平叔與荀顗等共撰集解陳羣為顗姊夫荀彧傳裴注引晉陽秋曰顗字景倩幼為姊夫陳羣所嘉猶見錄取況大儒如王肅而

復震以安國訓解之名有不亟取以入書者乎平叔不明易中九事猶為管輅所詘見輅傳注引輅別傳及劉義慶世說況宿學如王肅語以孔注之最古有不信且從者乎此皆可以實證驗之而非徒以虛理會之也文淇案此皆可以實證驗之二句擬改為此皆可以情事考之也○大士案此二句以刪去為是不必再改又案魏志王肅傳祇言甘露元年薨不言薨時年若干又不載生於何年惟裴注引肅父朗與許靖書曰肅生於會稽考王朗傳云朗會稽太守孫策渡江畧地朗舉兵與策戰敗績朗乃詣策吳志孫策傳興平元年策引兵渡浙江據會稽盡更置長吏策自領會稽太守裴松之引朗家傳稱朗居會稽四年自興平改元孫策渡江朗罷太守職逆數至初平二年凡四年則朗始居會稽當在靈帝初平二年肅生正其時也文淇案魏志朱建平傳王肅年六十二卒肅生于興平二年非初平二年朗為會稽太守在初平四年非初平二年孫策渡浙江在建安元年

非興平元年淇有攷証別紙附呈若以初至郡時生肅則建安十三年肅年十八從宋衷讀太玄黃初元年肅年三十一為散騎黃門侍郎太和二年肅年三十九父朗薨太和三年肅年四十拜散騎常侍正始元年肅年五十一後遷中領軍加散騎常侍增邑三百户并前二千二百户甘露元年薨年六十八附考於此

兩漢諸儒皆不言安國為論語訓解

漢書藝文志論語古二十一篇自注出孔子壁中兩子張如淳曰分堯曰篇後子張問何如可以從政已下為篇名曰從政此後備載齊魯傳說若干篇古論但詳篇數不云有說又曰武帝末魯共王壞孔子宅而得古文尚書及禮記論語孝經凡數十篇皆古字也孔安國者孔子後也悉得其書安國獻之遭巫蠱事未列於學官衹言安國得論

語而不言其訓說夫班掾作志本諸七略向歆校書秘府總彙羣籍西京說論語者十二家俱備載其篇數焉有以聖裔所訓之古文反置焉不載者則知安國未嘗有注故孟堅不之及也

荀悅漢紀成帝紀載劉向校中秘書事甚詳悉云魯恭王壞孔子宅以廣其宮得古文尚書多十六篇及論語孝經武帝時孔安國家獻之會巫蠱事未列於學官又云論語有齊魯之說又有古文亦不言安國曾作訓解夫荀氏於丁寬易傳毛公詩傳春秋三傳河間樂記諸書皆備載之劉傳古文大儒如安國者當時果有撰著荀紀號稱事詳見范書本傳焉有不載入書中之理惟安國寔未著書故孟堅與仲豫皆不言及非略之也荀生於東漢季此紀為建安中奉詔所作在偽孔注未出以前此又一證也

王充論衡正說篇曰論語漢興失亡武帝發取孔子壁中古文得二十一篇齊魯河閒九篇本三十篇至昭帝女讀二十一篇宣帝下太常博士時尚稱書難曉名之曰傳文淇案後漢書和熹鄧后紀傳曰非其時不食傳不云乎飽食終日無所用心又晉書食貨志引傳曰禹稷躬稼而有天下此皆西漢人之稱後更隸寫以傳誦初孔子孫安國以教魯人扶卿官至荊州刺史始曰論語充生當東漢肅宗時所著論衡甚為蔡邕所重然祇言安國傳授扶先二字見釋文序錄○文淇案此處扶先仍當作扶卿釋文敘錄云魯扶卿鄭云扶先或說先先生此引王充語仍作扶卿為是不言作古文訓此又一證也　又案王充謂西漢名論語為傳說此語甚確以漢書考之宣帝紀詔曰傳曰孝弟也者其為仁之本歟元帝紀詔曰傳不云虖百姓有過在予一人平帝紀詔曰傳不云虖君子篤於親則民興於仁東平王宇孝傳曰父為子隱直在其中矣劉歆傳傳曰文武之道未

墜於地在人賢者志其大者不賢者志其小者東方朔傳傳曰時然後言人不厭其言貢禹傳傳不云虖吾不與祭如不祭孫寶傳傳不云虖惡利口之覆國家傳喜傳傳不云虖歲寒然後知松柏之後彫也外戚傳傳不云虖以約失之鮮足徵仲任之言不妄　又案許叔重撰五經異義多引古文今散見於注疏通典御覽諸書所引者異義有古尚書說古孝經說古毛詩說古周禮說古左氏說皆古文也又有今論語說樂記鄭衛之音孔疏引異義今論語說鄭國之為俗有溱洧之水男女聚會謳歌相感故云鄭聲淫蓋齊魯之說論語者故繫之以今猶異義所稱今詩韓魯說也而獨無古論語說則知西漢以來斷無有訓古論語者故五經無雙之叔重初未嘗及此又一證也

或問尚書孝經古文皆安國孔壁所得異義所引古說其

亦安國爲之乎余曰否此乃賈逵衛宏等所説何以知之許愼子沖上書曰臣父本從賈逵受古學又學孝經孔氏古文古孝經者孝昭帝時魯國三老所獻建武中給事中議郎衛宏所校皆口傳官無其説後漢書賈逵傳父徽受古文尚書於塗惲逵撰大小夏侯尚書古文同異衛宏傳從大司空杜林更受古文尚書爲作訓旨又周禮大宗伯疏引異義古尚書説六宗謂天宗三日月星辰地宗三岱山河海續漢書祭祀志劉昭注引賈逵曰六宗謂日宗月宗星宗岱宗海宗河宗也正與古尚書合可爲明證故知爲衛賈等所説也考漢志尚書古文經四十六卷班自注云爲五十七篇其下載夏侯等章句皆今文孝經古孔氏一篇班自注云二十二章其下載長孫江翼等皆今文二者皆無古文説則知安國雖傳古文尚書孝經實未嘗著

書也總之西京安國蚤卒並無片紙隻字傳於後世而後之紛紛托為漢孔氏者皆可以一掃而空矣寶楠案史記儒林列傳魯周霸孔安國雒陽賈嘉頗能言尚書事孔氏有古文尚書而安國以今文讀之因以起其家逸書得十餘篇安國与霸嘉並云能言尚書事則未作傳可知

隋書經籍志梁有古文論語十卷鄭玄注又云古論先無師說則知注古文論語者始於東京諸儒馬鄭之先固未嘗有注也此尤確證夫班書既未嘗載隋志又有明文而何氏集解乃引之雖欲無疑其可得乎

又案兩漢之書既決無言安國訓論語者則家語後序言古文論語訓十一篇其不足信也明矣且班固既云二十一篇王充亦云二十一卷又桓譚新論云古論語二十一卷玉海卷四十二引漢儒之明文如此自此以後若隋經籍志陸德明序錄皇侃義疏序邢昺疏皆言古論語二十一篇安

國若果有注即當就其所傳古文爲之不應更爲減少即此十一篇之說亦僞且妄矣且漢志言齊論二十二篇多問王知道魯二十篇傳十九篇此又不與之合正揚子雲所謂童牛角馬不今不古者而欲挾是以欺後人何其愚也　又案經義考孔安國訓下稱家語二十一篇此因真古文建類載之致訛也今汲古閣刊本明作十一篇玉海卷四十二藝文經解類亦引家語後序孔安國古文論語訓十一篇是宋本猶未誤也大抵竹垞經義考極爲浩博然舛訛不可枚舉要在識者分别觀之耳　又案孔訓既有十二篇必不止何氏所引諸條意採入集解後此書既爲世所不傳久遂散佚嗚呼設使十一篇之書具存依托之跡必有顯露之者其僞猶易辨也不幸而全帙泯沒徒使殘章剩句散見於集解之中與馬鄭諸大儒屹立介於

不存不亡之間雜於或真或僞之内所由自魏迄今竟莫有知其贋者也夫肅撰書傳而假手於梅氏以傳肅撰論注而假手於何氏以傳其巧彌滋其僞彌甚矣

論語孔注與書傳家語孔叢俱一手僞書

案論語河不出圖孔曰河圖八卦是也尚書顧命僞孔傳亦云河圖八卦伏羲王天下龍馬出河遂則其文以畫八卦謂之河圖正義曰王肅亦云河圖八卦也夫論語孔注宛與僞書傳同已屬可疑而肅說又與之合益信論注書傳俱爲子雍依托不然何訓解之同若是乎且河圖八卦之訓西漢初未聞其說漢書五行志劉歆曰虙犧氏繼天而王受河圖則而畫之八卦是也文選注引揚雄覈靈賦曰大易之始河序龍馬洛貢龜書又禮運正義引中候握河紀云伏羲氏有天下龍馬負圖出於河畫八卦周易孔

顗達八論引禮緯含文嘉曰伏犧德合上下天應以鳥獸文章地應以河圖洛書伏犧則而象之乃作八卦是河圖八卦乃緯候不經之書蓋哀平間讖記盛行（洪範正義云緯候之書不知誰作通人討覈謂起哀平文心雕龍正緯篇亦云通儒討覈謂起哀平）新莽侈尚符瑞故歆雄倡此矯誣之論肅妄取其語以作注而托之漢孔氏（孔沖遠易論亦云孔安國姚信等竝云伏犧得河圖而作易○文淇案孔沖遠易論孔安國下有馬融）其實安國仕於武帝之初焉得有此不經之說乎潛邱既詆河圖說易為經之蠹而猶曰河圖八卦孔注論語有是說要未可盡抹煞異哉此老得毋受㧗人之欺乎　又案漢世說河圖者亦不一邢疏云鄭玄以為河圖洛書龜龍銜負而出如中候所說龍馬銜甲赤文綠色甲似龜背袤廣九尺上有列宿斗正之度帝王錄紀興亡之數是也李鼎祚集解引鄭玄曰春秋緯云河以通乾出天苞河龍圖發河圖

有九篇酈道元水經注引春秋命歷序曰河圖帝王之階圖載江河山川州界之分野若今所傳戴九履一之圖經義考引宋姚小彭謂即乾鑿度九宮之法惠氏棟易漢學引後漢劉瑜上書河圖授嗣正在九房九房疑即太乙所行之九宮案易緯載太乙下行九宮法不云河圖至戴九履一之圖惟見僞子華子大道篇及阮逸依托關朗易傳其不足信也明甚善夫桓譚新論之言曰河圖洛書但有兆朕而不可知君山痛斥圖讖其識視康成遠矣

又論語奡盪舟孔曰奡多力能陸地行舟案盪稷罔水行舟僞孔傳丹朱習於無水陸地行舟宛是一人手筆豈非作僞者習用此語故筆下不覺相似耶而蔡傳且傅會之曰罔水行舟如奡盪舟之類吳斗南兩漢刊誤補遺則引陸德明音義丹朱傲字又作奡以丹朱奡為兩人名而謂

論語之奡即指此王伯厚困學紀聞又以論語奡盪舟即丹朱（何氏焯曰下云俱不得其死則不可云即丹朱也）紛紛紕繆可發一噱皆僞孔傳之作僞也然其義兩失之矣書正義引鄭注云丹朱見洪水時人乘舟今水已治猶居舟中頟頟使人推行之史記夏本紀作毋水舟行亦謂時無洪水丹朱猶好乘舟趙岐孟子章指引書慢遊是好無水而行舟並與鄭合皆古文說也罔水行舟即從流忘反之意正慢遊之事僞傳以為陸地行舟何其謬也又論語所謂盪舟者顧氏炎武日知錄云竹書紀年帝相二十七年澆伐斟鄩大戰于濰覆其舟滅之楚辭天問覆舟斟鄩何道取之正謂此也古人以左右衝殺為盪陣其銳卒謂之跳盪別帥謂之盪主盪舟蓋兼此義晏謂王逸天問章句謂少康滅斟尋氏奄若覆舟義甚回穴亭林以竹書證楚辭即以楚辭解論語

其義研核而貫通矣作僞者不明盪舟之義而憒然仍以解書之語解之尤謬戾之甚也且奡多力云云於他書未聞惟怪力亂神集解引王曰力謂若奡盪舟之類則子雍固曾有是說矣此又書傳論注俱爲肅所依托之證而帝王世紀猶黨同其說曰奡多力能陸地行舟潛邱謂晚出古文首信於世爲皇甫謐之過諒哉

又案說文夰部奡嫚也从百从夰夰亦聲虞書曰若丹朱奡讀若傲論語曰奡湯舟古湯盪通莊子庚桑楚云不盪胸中釋文本又作蕩毛詩宛邱傳湯蕩也湯蕩盪並通用 王逸天問章句引論語澆盪舟離騷章句仍引作奡盪舟漢書古今人表奡下師古曰音五到反楚辭所謂澆者也郭恕先汗簡古尚書傲作奡史記夏本紀作敖漢書劉向傳後漢書梁冀傳論衡問孔篇引書俱作敖管子宙合篇若傲之在堯也與今書作傲同案奡澆敖傲

四字文雖異而音義並同奡从夰古老切聲夰放也从大而八分也澆从尭聲尭高也从垚在兀上高遠也廣韻澆薄也皆非美名故稱陶唐之子曰奡亦曰敖稱寒浞之子曰奡亦曰澆古人音義相近之字多假借也後人不知奡聲義俱為傲遂專以為人名於是始以論語之奡誤為虞書之奡矣

又論語子張曰書云高宗諒陰三年不言孔曰高宗殷之中興王武丁也諒信也陰猶默也案無逸云乃或亮陰三年不言偽孔傳云乃有信默三年不言古文說命云王宅憂亮陰三祀偽孔傳陰默也居憂信默三年不言與論語注宛同明為一人作矣考邢疏云禮記作諒闇鄭玄以為凶廬皇侃義疏云或呼倚廬為諒陰或呼為梁闇或呼梁庵各隨義而言之後漢書張禹傳李賢注引鄭玄注論語

云諒闇謂凶廬也史記魯周公世家集解引鄭玄書注云楣謂之梁闇廬也詩譜商頌疏亦引鄭書注武丁立憂喪三年之禮居倚廬柱楣不言政事皆與偽孔異喪服四制引書云高宗諒闇三年不言鄭注諒古作梁楣謂之梁闇讀如鶉鵪之鵪闇謂廬也廬有梁者所謂柱楣也儀禮喪服子夏傳翦屏柱楣鄭注楣謂之梁柱楣所謂梁闇又案伏生書大傳書云高宗梁闇三年不言何為梁闇也傳曰高宗居凶廬三年不言此之謂梁闇鄭注闇讀如鵪謂廬也又大傳云高宗有親喪居廬三年伏生親傳尚書遠在康成之前已有梁闇凶廬之說是先乎鄭者皆與鄭合通典卷八十七引葛洪喪服變除云廬則柱楣楣一名梁漢書五行志高宗承敝而起盡涼陰之哀顏籀注涼陰謂居喪之廬也謂三年處於廬中不言涼音力羊反文選潘岳

閒居賦今天子諒闇之際李善注諒闇今謂凶廬衰寒涼凶闇之處故曰諒闇是後乎鄭者亦與鄭同康成曾注古文其說卓然可信如此而孔注顯與之背其不出於安國之手而為子雍所托以難鄭也明矣　又案西晉泰始十年武元楊皇后崩尚書杜預建議古者天子諸侯三年之喪始服齊斬既葬除喪服諒闇以居心喪晉書載杜議引高宗諒闇三年不言其傳曰諒信也闇默也稱高宗不云服喪三年而云諒闇三年此釋服心喪之文也左傳正義云杜議引尚書傳云諒信也陰默也為聽於冢宰信默而不言（詳見唐御撰晉書禮志左傳隱元年疏論語邢疏）蓋是時論語孔注已盛行古文書傳雖未奏上於朝然鄭沖之傳行於當世故杜氏引之以議喪制夫使从康成凶廬之義則居廬三年非既葬除喪明矣幸而偽孔有諒信闇默之說元凱据之以亂

法舞文飾為心喪之議為短喪者立赤幟子曰始作俑者其無後乎偽孔注之謂矣嗚乎從偽孔河圖八卦之說而陳摶至岐入異術從偽孔諒陰信默之說而杜預至倡為短喪經術之不明破壞於作偽者之手其害匪淺鮮也有心世道者可不亟起而辯之哉

或疑杜氏所引孔傳當是論語注左傳疏指為書傳非也今左氏凡引古文處杜注皆曰逸書元凱安得見古文書傳乎余曰古文書傳實王肅所托魏季晉初之間鄭沖等已相授受此在晉書有明文矣（詳見後）特其時未奏於朝故杜為經傳集解猶沿賈服稱逸書不用古文至議喪制則援之以自便其私非不見書傳也（文淇案晉書禮志載杜議云至周公旦乃稱殷之高宗諒闇三年不言其傳曰諒信也闇默也據此則杜所引者無逸文其所引傳為書傳無疑）考宣十五年左傳引周書庸庸祗祗杜注言文王能用可用敬可敬

今康誥僞孔傳亦云用可用敬可敬疑元凱實見古文書此亦先儒所未言者　案左傳哀十八年引夏書曰官占惟能蔽志昆命于元龜杜注官占卜筮之官蔽斷也昆後也言當先斷意後用龜也今大禹謨孔傳帝王立卜占之官故曰官占蔽斷昆後也官占之法先斷人志後命於元龜案左氏本作能故釋文云尚書能作克克亦能也今杜注从僞古文訓爲先又與孔傳説同是明據晚出書而竄改也　又案杜預注左傳多違賈服而從王肅左氏襄二十七年傳云以誣道蔽諸侯罪莫大焉疏云服虔作弊王肅本作蔽杜本作蔽當如王爲蔽掩之也襄二十八年傳云子產相鄭伯以如楚舍不爲壇杜注除地封土爲壇疏云服虔本作墠王肅本作壇昭十三年傳云鄭伯男也而使從公侯之貢杜注言鄭國在甸服外爵列伯子男不應

出公侯之貢疏云王肅云鄭伯爵而連男言之猶言曰公侯足句辭也杜用王説與鄭衆服虔謂鄭伯爵在男服實違謂男當作南南面之君並異又春秋宣九年陳殺其大夫洩冶杜注洩冶直諫於淫亂之朝故不爲春秋所貴而書名孔疏家語云洩冶之於靈公位在大夫無骨肉之親懷寵不去仕於亂朝以區區之身欲止一國之淫昏死而無益可謂狷矣襄十七年傳晏子曰唯卿爲大夫杜注晏子惡直己以斥時失故孫辭答家老疏云家語孔子云晏平仲可謂能辟害矣不以己是而駁人之非孫辭以辟咎義也故王肅與杜皆爲此説考王肅爲晉武帝之舅杜氏仕晉武時不顧是非阿諛其説致貶洩冶死節違戾聖經其心術亦攵正矣竊以經傳集解頗多謬妄後之學者誠能扶賈服之微言黜杜氏之曲學亦可謂善讀左氏者歟

又案諒陰當從古作諒闇，晚出古文作亮陰，更非。呂氏春秋審應覽高宗天子也即位諒闇三年不言，高誘注引論語曰高宗諒闇三年不言。春秋繁露竹林篇引書云高宗諒闇三年不言。史記魯周公世家毋逸曰乃有諒闇其惟不言。荀悅漢紀文帝紀下引書云高宗諒闇三年不言。杜氏通典總論喪期引陳鑠問高宗諒闇三年不言。又孟莊子孝章馬融曰謂在諒陰之中，皇侃本作諒闇，足利本同。張有復古篇云闇治喪廬也从門音漢衡方碑寢闇苫凷北海相景君碑陰諒闇沈思春秋繁露竹林引高宗諒闇三年不言

堯曰篇予小子履敢用玄牡敢昭告于皇皇后帝孔曰此伐桀告天之文墨子引湯誓其辭若此案墨子兼愛下湯說湯曰惟予小子履敢用玄牡告于上天告曰今天大旱即當朕身履未知得罪於上下有善不敢蔽有罪不敢赦

簡在帝心萬方有罪即當朕身朕身有罪無及萬方與論語字句小異且作湯祝亦不云湯誓安國親見古文書注論語不云見尚書某篇而轉引墨子之所引豈真古文中無此數語而墨子所引者贋乎曰非也國語内史過引湯誓曰余一人有罪無以萬夫萬夫有罪在余一人呂氏春秋九月紀云昔者湯克夏而正天下天下旱五年不收湯乃以身禱於桑林曰余一人有罪無及萬夫萬夫有罪在余一人漢書于定國傳經曰萬方有罪罪在朕躬案漢世引論語皆稱傳或稱論語無稱經者此所引蓋尚書古文小顏注以論語當之非也外傳呂覽皆在未焚書以前漢書所引又在真古文尚存之際而事辭皆合則論語為真古書之辭無疑矣論語之所引者為真而注不明其來歷則孔注之為贋又無疑矣蓋偽托安國者本不曾見百篇之尚書又不及見孔壁之古文故懵然以墨

子所引當之其破綻顯然矣閻氏尚書古文疏證惠氏古文尚書考遇此等處皆鉏鋙難合總由不知論語孔注之皆僞耳惠氏九經古義云孔安國親傳古文不近考尚書而遠引墨子竊所未喻　或問伐桀告天之文此語亦有所本否余曰然白虎通三軍篇引論語曰予小子履敢昭告于皇天上帝此湯伐桀告天用夏家之法也故孔注亦有未變夏禮之語其說蓋本於孟堅也而韋昭注國語亦以湯誓爲伐桀之誓益信論語孔注爲東漢以後人所托無疑　又案孔注履殷湯名本白虎通姓名篇其實非也史記殷本紀湯名天乙堯典序正義引世本云湯名天乙史公親見古文世本又古史所記較備孔爲可信矣且殷自湯至紂凡十七世皆以甲子命名案史記紂名辛不名受西伯戡黎序云祖伊恐奔告于受釋文引馬融曰受讀曰紂或曰受婦人之言故號曰受也書疏引鄭玄注曰紂帝乙之少子名辛帝乙愛而欲立焉號曰受德時人傳聲轉作紂也史掌書知其本故曰受立

政日其在受德啟呂氏春秋當務云紂之同母三人其次曰受德逸周書克殷解殷末孫受德孔晁注云紂字受德何獨於湯而異之而帝王世紀且傳會云主癸之妃曰扶都以乙日生湯故名履字天乙案尚書正義謂皇甫謐作帝王世紀往往載五十八篇之書則士安所言亦係黨同孔說固無足怪至竹書紀年稱湯名履沈約注號天乙竹書沈注皆僞尤不足辨集注用孔訓而加一葢字然則朱子固疑之矣漢藝文志天乙三篇班自注謂湯史記小司馬索隱引譙周云夏殷之禮生稱王死稱廟主皆以帝名配之天亦帝也殷人尊湯故曰天乙易泰之六五云帝乙歸妹困學紀聞引子夏傳湯之歸妹也後漢書荀爽傳對策曰易曰帝乙歸妹言湯以娶禮歸其妹於諸侯也禮記檀弓鄭注引易說曰易之帝乙謂成湯孔疏引易乾鑿度說曰易之帝乙謂是殷湯也唐張說鄎國公主銘天乙歸妹 又案敢用玄牡敢昭告於皇皇后帝孔曰殷家尚白未變夏禮故用玄牡皇大也后君也大大君帝謂天帝也考尚書湯誥孔疏引鄭注論語云用玄牡者爲舜命禹事於時總告五方之帝莫

卷上　一五一

適用用皇天上帝之牲毛詩魯頌閟宮正義又引論語注帝謂太微五帝與孔義異

或問雖有周親不如仁人孔注親而不賢不忠則誅之管蔡是也仁人謂微子箕子來則用之古文泰誓亦有此二語傳云周至也言紂至親雖多不如周家之多仁人互異若此是豈同出一手者哉余曰邢疏謂論語是泛言周家政治之法泰誓是伐紂誓衆之辭欲兩通其義故不同總緣作僞者不見真古文故彼此牽强迄無定見耳若以兩注不同遂疑非出一手然則康成注儀禮南陔六篇據三家詩注禮記燕燕詩據魯詩皆與箋詩宗毛異注坊記東鄰西鄰亦與注易異豈得謂注禮者一鄭玄注詩易者又一鄭玄哉

論注書傳訓故頗多相同敏於事孔曰敏疾也黎民敏德

傳敏疾也屢憎於人孔曰屢數也屢省乃成傳屢數也狂簡孔曰簡大也予其懋簡相爾傳簡大少者懷之孔曰懷歸也黎民懷之傳懷歸也文不在兹乎孔曰兹此也釋兹在兹傳兹此也必變色而作孔曰作起也作我先王傳作起也脩慝孔曰慝惡也罰罪引慝傳慝惡也惠人也孔曰惠愛也安民則惠傳惠愛也君子貞而不諒孔曰貞正也厥賦貞傳貞正也侍于君子有三愆孔曰愆過也其永無愆傳愆過也食旨不甘孔曰旨美也旨哉傳旨美也亞飯干適楚孔曰亞次也亞旅傳亞次君子周而不比孔曰忠信爲周自周有終傳周忠信也可謂仁之方也已孔曰方道也陟方乃死傳方道也綏之斯來孔曰綏安也五百里綏服傳綏安也周監於二代孔曰監視也天監厥德傳監視也戰戰兢兢孔曰喻已當戒慎兢兢業業傳兢兢戒慎

卷上　一六一

足恭孔曰便辟貌便辟側媚傳便辟足恭非出自一手安在訓釋若是其雷同耶

王肅注家語傳本尚在以論語孔注校之多相符合弋不射宿孔曰弋繳射也家語王言解王注弋繳射也大德不踰閑孔曰閑猶法也五儀解德不踰閑注閑法也一簞食孔曰簞笥也致思篇注簞笥少者懷之孔曰懷歸也執轡篇注懷歸也敝之而無憾孔曰憾恨也正論解注憾恨也各於其黨孔曰黨類也論禮篇注黨類也棄而違之孔曰違而去之子路初見篇注違去也我叩其兩端而竭焉孔曰竭盡所知禮運篇注竭盡也孔又以兩端為終始禮運篇注端始也柳下惠為士師孔曰典獄之官致思篇季羔為衛之士師注獄官君子周而不比孔曰阿黨為比賢君篇注比黨也克己復禮為仁孔曰身能反禮則為仁矣正

論解作尅己注復之於禮則為仁也司馬牛憂章孔曰牛兄桓魋將為亂牛自宋來學當憂懼弟子篇牛兄桓魋行惡牛當憂之南容三復白圭孔曰詩云白圭之玷尚可磨也斯言之玷不可為也南容至此三反復之是其心慎言也家語弟子行云一日三復白圭之玷是宮縚之行也注引詩四語同一日三復之慎之至也以上所列宛出一手益信孔注為子雍所托無疑弟子解與孔注同詳見後〇文淇案此條所列如兩端士師克己復禮司馬牛憂白圭之類乃為確証餘仍宜酌

朱子謂書傳并序與孔叢子同是一手僞書訓詁亦多出小爾雅此等識議真是卓絶千古今案論語孔注亦頗有出於孔叢者末之也已孔曰之適也食旨不甘孔曰旨美也怨乎不以孔曰以用也訓釋竝見廣詁篇侗而不愿孔以愿為謹愿廣言愿謹也敝之而無憾孔曰憾恨也廣言

憾恨也當暑袗絺綌孔曰絺綌葛也廣服葛之精者曰絺麤者曰綌竊謂論語孔注亦僞撰孔叢一輩人所依托

子見南子章孔曰舊以南子者釋文作等以爲男子者云集解本皆爾或不達其義妄去等字非也皇本作南子者古南男通衛靈公夫人而靈公惑之孔子見之者欲因以說靈公使行治道矣誓也子路不說故夫子誓之行道既非婦人之事而弟子不說與之咒誓義可疑焉案孔叢子儒服云平原君問子高曰吾聞子之先君親見衛夫人南子信有之乎答曰昔先君在衛衛君問軍旅焉拒焉而不告問不已攝駕而去衛君請見猶不能終何夫人之能覿乎古者大饗夫人與焉於時禮儀雖廢猶有行之者意衛君夫人饗夫子夫子亦弗獲已矣亦作疑辭與論語注同一伎倆總緣作僞者既不親見古文又不識聖人見地故猶豫狐疑迄無定見非如史公傳古文直據見

小君文侯百世而不惑者也　又案見南子事史公明著之世家漢人未嘗疑也疑之者自魏晉人始史記集解引欒肇曰見南子者時不獲已猶文王之拘羑里也天厭之者言我之否屈乃天命所厭也皇侃疏引王弼曰案本傳孔子不得已而見南子猶文王拘羑里蓋天命之窮會也李充曰男女之別國之大節聖人明義教正內外者也而乃廢常違禮見淫亂之婦人者必以權道有由而然子路不悅固其宜也夫史公為安國受業弟子其作世家曰余讀孔氏書想見其為人然則世家敘列事蹟皆本之孔氏書而史遷所讀之書又必得之師傳可知也今論語孔注不惟異乎史公之古文乃反同於魏晉之惑說其必非西漢人所作蓋斷斷也考王肅私定家語直削此事不載然則子雍固疑之矣　又案邢疏引蔡謨曰矢陳也夫子為

子路陳天命也韓愈筆解云矢陳也孔失之矣為誓非也
考釋文引鄭玄繆播云矢誓也論衡問孔篇孔子誓以予
所鄙者天厭之案古否鄙通尚書堯典否德忝帝位史記作鄙德釋名釋言語否鄙也鄙劣不能有所堪成也僞孔亦襲東漢人訓
安國作訓家語後序之外又見連叢子敘書云侍中安國
受詔綴集古文臣乞為太常典臣家業與安國紀綱古訓
使永垂來嗣孝武皇帝重違疑當作違○文淇案違字不悞重者難辭重違其意謂難違其意也其意遂拜太常案孔叢之書朱子已定其僞又謂禮
賜三公等語皆無其實敘書所言亦以明安國之有訓欲
以售其僞也豈知心勞日拙卒無所逃於後人之指摘哉
家語載孔衍上書曰魯恭王壞孔子故宅得古文科斗尚
書孝經論語世人莫有能言者安國為之今文讀而訓傳
其義又撰孔子家語既畢會值巫蠱事起遂各廢不行光

祿大夫向以為其時所未施之故尚書則不記於別錄論語則不使名家也連叢子亦載孔大夫謂季彥當从唐書元行沖傳引作季産刊本訛為彥曰先聖古文臨淮安國傳義不在科策之例世人固莫識也二說絕類蓋作偽者自度書傳論注突出於魏晉間後人必將以漢儒未見而疑之者故託為漢世秘藏未著於世巧為彌縫其偽庶後之覽是書者可以杜其疑議矣然予謂作偽者即此亦破綻也夫欲掩飾其偽第詭云劉向未見可耳若校書之中壘既見安國之書特以時所未行遂不記別錄不使名家此淺陋無學者之所為而以誣博通經術之子政此後人所必不信也且漢志七略所載諸子傳說尚充秘府果皆其時施行而盡在科策之例者乎以孔壁之古籍安國之著作果有是書雖豎儒猶知寶貴何況子政予是以斷不記別錄不使名家之真

誑語也　又案晉書有孔衍傳字舒元魯國人孔子二十二世孫經學深博仕元帝時太興三年卒年五十三考東晉自太興三年溯至西晉泰始十年計五十三年衍當以是年生上距王肅魏甘露元年薨尚隔十四年時代迥不相及不應載之家語後矣竊謂肅家語所載孔衍乃別一人恐後人誤以為晉孔衍故坿及之

王肅偽撰孔注以難鄭因及孔鄭異同

案子雍專攻康成而鄭學純儒洽孰傳信者衆非辯給所能勝於是托為西京之書以壓折之而猶恐不足以破其藩又撰出聖裔訓傳以為一脉相傳無可置喙而鄭學不攻自破矣故既私定家語稱安國所傳（案禮記王制疏家語先儒以為肅之所作未足可依禮器疏先儒以家語之文王肅私定非孔子正旨玉海卷四十一引馬昭曰家語王肅增加非鄭玄所見肅私定以難鄭玄）復作孔注以難鄭今集解所引孔注皆有意

與鄭牴牾非子雍為之而誰為之哉大士案牴牾下直接然孔義皆遜云云節去非子雍為之十字然孔義皆遜鄭意者真僞之別誠有不可得而揜者乎今略以釋文正義所引鄭注與集解孔注較之與

其婿於奧孔曰奧內也鄭云西南隅鄭本爾雅釋宮文孔非今也純孔曰純絲也鄭作側基反黑繒也案周禮媒氏純帛鄭注純實緇字也古緇以才為聲毛詩行露傳昏禮紂帛不過五兩釋文紂依字糸旁才後人遂以才為屯因作純字詩丰鄭箋士妻紂衣釋文本或作純又作緇並同禮記祭統以共純服鄭注純服亦冕服也純以見繒色正義曰鄭氏之意凡言純者其意有二一糸旁才是古之緇字二是糸旁屯是純字但書文相亂雖是緇字並皆作純鄭氏所注於絲理可知于色不明者即讀為緇即論語曰今也純儉及此純服皆讀為黑色史記五帝本紀黃收純衣索隱曰純讀為緇說文緇帛黑色从糸甾聲繒帛也从糸曾聲鄭以緇為黑繒孔訓如本字非故

滔滔者天下皆是也孔曰滔滔者周流之貌也鄭本作悠悠案史記孔子世家亦作悠悠与鄭合孔作滔滔非

吾黨有直躬者孔曰直躬直身而行也鄭本作弓云直人名弓案呂氏春秋仲冬紀當務云楚有直躬者其父竊羊而謁之上莊子雜篇盜跖云直躬證父尾

卷上　二〇一

生溺死行之悲也淮南子氾論訓云直躬其父攘羊而子證之注云直躬楚葉縣人也躬蓋名其人必素以直稱者
故稱直躬躬皆与鄭合古躬与弓通漢陳寔碑字仲躬後漢書本傳作仲弓孔訓躬為身非異乎三子者
之撰孔曰撰具也鄭作僎讀曰詮詮之言善也案古撰僎通大夫僎
釋文本又作撰同儀禮鄉飲酒禮鄭注云今文遵為僎或為全說文輇讀若饌古僎与詮聲相近詮与善聲亦近六
書多音義相兼也孔以撰為具非衣敝縕袍孔曰縕枲著也鄭云絮也案釋
文訛鄭為枲也蓺文類聚三十五引鄭注絮也今据正之玉藻縕為袍鄭注縕謂今纊及舊絮也說文絮敝綿也与
敝袍意正協孔以為枲著非陳司敗孔曰官名陳大夫鄭以司敗為人
名齊大夫案左氏文十年傳宣四年傳楚有司敗定三年傳唐有司敗陳未聞有司敗鄭以為人名是也
齊陳氏最著昭公為季孫所逐曾處於齊故鄭以此問出齊大夫惡徼以為智者孔曰徼
鈔也鈔人之意以為己有鄭本作絞案直而無禮則絞鄭云絞急也此亦謂絞
急以逞其智徐幹中論覈辯云徼急以為智不遜以為勇斯乃聖人所惡偉長用論語文与鄭本合足徵康成所据
真古文也偽孔改經文作徼妄矣空空如也孔曰其意空空然鄭作悾悾
案悾悾而不信包咸注悾悾愨也鄭意亦當為愨言來問者其意愨質也孔作空空非大宰問於子

貢孔曰大宰官名或吳或宋未可分也鄭云是吳大宰嚭皇侃疏吳有大宰嚭宋有大宰華督故云未可分也然此應是吳臣何以知之魯哀公七年公會吳于鄫吳人徵百牢使子貢辭於大宰嚭十二年公會吳師于橐皋吳子使大宰嚭請尋盟公不欲使子貢對將恐此時大宰嚭問子貢也且大宰督去孔子世遠或其後世所不論耳邢疏云又子貢嘗適吳故鄭以為是吳大宰嚭也不至於穀孔曰穀善也鄭云祿也皇疏引孫綽曰穀祿也釋文同與鄭義合孔以為善也殊費解集注亦从鄭片言可以折獄者孔曰片猶偏也鄭云片半也案說文片判木也从半木判分也从刀半聲半物中分也从八从牛牛為物大可以分也玉篇片半也片義為半聲亦与半近古字多音義相兼書呂刑曰明清于單辭正義曰孔子美子路曰片言可以折獄者片言即單辭也片言對兩辭而言鄭訓為半得之孔以為偏天下豈有偏信一言而可以折獄者乎其說謬矣仁者其言也訒孔曰訒難也鄭云不忍言也六書正譌云訒借為識認字別作認非說文無認字訒本从忍省聲故訓為不忍言劉熙釋名釋言語云仁忍好生惡殺善含忍也仁有含忍之義鄭謂不忍言得之司馬溫公潛虛云訒仁也孔訓難非子貢方人孔曰比方人也鄭本作謗謂謗言人之過惡盧氏文弨曰古論謗字作方蓋以聲相近而假借晏案說文謗毀也从言旁聲上部旁从

卷上　二一

二方聲古方与旁通堯典共工方鳩僝功說文引作旁逑僝功士喪禮鄭注云今文旁為方方人疑即謗之省文引
以為比方人非侗而不愿孔曰宜謹愿鄭云愿善也案愿古与原通孟子一鄉
皆稱原人焉趙岐章指曰言人皆以為原善所至亦謂之善人故鄭以愿為善我叩其兩端而竭
焉孔以兩端為終始鄭云末也案玉篇末端也皇疏引繆協云雖鄙夫誠問必為盡
其本末也鄭君意亦當然孔以為終始非先進後進孔以為仕鄭云謂學也案學
以進德故鄭以學言釋文又引包云謂仕也偽孔亦襲子良說虎豹之鞟孔曰皮去毛曰
鞟鄭云革也案說文革獸皮治去其毛革更之象古文革之形鄭君訓革即是皮去毛不俟贅言也大
雅鞹鞃淺幭毛傳亦云鞹革也与鄭同可使治其賦也孔曰兵賦鄭云軍賦
案周禮小司徒五師為軍以令貢賦此軍賦之名也春秋時魯作三軍舍中軍作邱賦晉作二軍舍二軍作三軍作
五軍作六軍舍新軍皆軍賦也無兵賦之名僖十五年左傳言晉作州兵古凡言兵者皆謂器名亭林日知錄潛邱
釋地言之詳矣孔謂兵賦非也漢書刑法志云因井田而制軍賦亦与鄭合狂簡章釋文此章
孔注與孟子同與鄭解異案孔曰簡大也孔子在陳思歸欲去狂簡者進取於大道趙岐
孟子章指云孔子在陳歎息思歸簡大也狂者進取大道僞孔亦襲邠卿之注以上鄭注皆据釋文所引

可以託六尺之孤孔曰六尺之孤幼少之君正義曰鄭玄注此云六尺之孫年十五以下潛邸先生曰鄭注以下增二字妙蓋寄託者何必定十五歲即十四十三等亦可以例孟子適市之童李密應門之童皆曰五尺則謂年十歲者奈何但以幼少混解遐晏案周禮鄉大夫國中自七尺以及六十野自六尺以及六十有五賈疏引論語鄭注云六尺之孤年十五以下鄭言以下正謂十四以下亦可以寄託非謂六尺可適十四已下鄭必知六尺年十五者以其國中七尺為二十對六十野云六尺對六十五晚校五年明知六尺與七尺早校五年故以六尺為十五也邢疏悉與賈同蓋用公彥說也又後漢書李燮傳姊文姬告父門生王成曰今委君以六尺之孤章懷注謂年十五以下與鄭訓同燮時年十三李賢謂以下甚合足徵鄭說之確以上諸說顯與鄭背夫康成所注即安國之古文同一古文不應牴牾若是然則孔注非出於西京而為子雍所托以難鄭無疑矣

又案孔鄭之異不特如釋文正義所載而已今略以他書所引鄭注校之哀而不傷孔曰樂不至淫哀不至傷言其和也皇疏引鄭玄曰樂得淑女以為君子之好仇不為淫

卷上　三一

其色也寤寐思之哀世失夫婦之道不得此人不爲滅傷其愛也案毛詩大序正義引論語鄭玄注哀世夫婦不得此人不爲滅傷其愛據此語則皇本注滅字乃滅之訛又毛詩箋改哀爲衷孔疏引鄭荅劉炎曰論語注人間行久義或宜然不復定以遺後說未盡善也孔曰武武王樂也以征伐取天下故未盡善毛詩芣莒序正義引論語曰未盡善也注云謂未致太平是也案征伐之說最爲淺陋鄭云未致太平得之

自行束脩以上孔曰言人能奉禮自行束脩以上則皆教誨之後漢書延篤傳注引論語鄭玄注謂年十五以上也皇疏束脩十束脯也孔注雖不云脩是脯而意亦不得離脯也邢疏謂十脡脯也案孔注明云奉禮皇邢說是尚書秦誓正義謂孔注論語以束脩爲束帶脩飾恐誤會文義也曲禮孔疏云論語云自行束脩以上是謂童子也又漢幽州刺史朱龜碑仁義成于束脩孝弟根其本性金恭碑年廿二束脩聰□鹽鐵論貧富篇大夫曰余結髮束脩年十三幸得宿衛皆指幼少言与鄭義合後漢鄭均傳束脩安貧謂其少得錢帛歸以與兄也伏湛傳自行束脩訖無毀玷李賢注亦謂年十五以上是漢唐相承古訓也吴曾能改齋漫錄云余按後漢書馬援杜詩延篤傳注皆謂年十五束帶脩飾之意乃知以束脩爲束脯者非是□續香案禮記少儀壺酒束脩疏云束

脩十脡脯也壺酒与束脩甚文自應如彼此處[illegible]以束帶脩飾爲正香又案後漢書劉般傳太守薦言般束脩至行爲諸侯師注束脩謂謹束修潔也似此章可與互鄉章參蓋人潔己以進与自行束脩以上同文与其潔与其進即未嘗無誨之意肊說或可採否○文淇案晉書夏侯湛傳惟我兄弟姊妹束脩慎行用不辱于冠帶實母氏是憑亦以束脩爲束帶脩飾其意更顯○汝衡案晉書王凝之妻謝氏傳柳束脩整帶造于別榻明是脩飾之意如以脩爲脯語便不倫

某之禱久矣孔曰孔子素行合于神明後漢書方術傳注引鄭玄曰明素肅恭于鬼神且順子路之言也皇疏引欒肇曰若以行合神明無所禱請是聖人無禱請之禮夫知如是則禮典之言棄金縢之義發案欒永初駮孔注甚是然義當如鄭君爲允太平御覽引莊子逸篇云孔子病子貢出卜孔子曰子待也吾坐席不敢先居處若齋食飲若祭吾卜之久矣論衡感虛篇云子曰某之禱久矣聖人修身正行素禱之日久天地鬼神知其無罪故曰禱久矣此即所謂素肅恭于鬼神也又儀禮既夕禮疾病乃行禱于五祀是古者有禱祈之禮子路之請未爲失禮也鄭謂順子路之言者明夫子順辭以微示之未嘗直拒之也孔謂子路失旨謬矣

緇衣羔裘素衣麑裘黃衣狐裘孔曰服皆中外之色相稱也皇疏云鄭以論語黃衣即是郊特牲蜡臘祭廟服也邢疏鄭玄注此云素

衣麑裘視朔之服是也毛詩召南羔羊疏引論語注云緇衣羔裘諸侯視朝卿大夫朝服亦羔裘唯豹袪與君異耳又引鄭注論語云素衣麑裘諸侯視朝之服其臣則青豻褎絞衣為裼若兵事既用韎韋則用黃衣狐裘及貍裘象衣色故也近淩廷堪禮經釋例有黃衣狐裘說主鄭氏韎韋解其論甚確周禮司裘疏引緇衣羔裘鄭注云君之視朝之服亦卿大夫士祭於君之服儀禮士冠禮疏引鄉黨素衣麑裘鄭云視朝之服既夕記疏鄉黨云緇衣羔裘鄭注云諸侯視朝之服禮記玉藻疏引論語注緇衣羔裘皆祭於君之服又云諸侯之朝服羔裘者必緇衣以裼又論語注云素衣麑裘視朔之服是也其受外國聘享亦素衣麛裘緇衣疏引論語緇衣羔裘注云諸侯之朝服其服緇布衣而素裳緇帶素韠案聘禮裼降立鄭注引論語曰素衣麛裘皮弁時或素衣其裘同可知也釋文麛或作麑同賈疏云鄭欲見諸侯與其臣視朔與行也

聘禮皆服麛裘但君則麛裘還用麛裘臣則不敢純如君麛裘則青犴褎又云若聘禮亦君臣同用麛裘但主君則
用素衣爲裼使臣則用絞衣爲裼是以鄭總云皮弁時或素衣其裘同可知也玉藻狐裘黃衣以裼之鄭注黃衣大
蜡時臘先祖之服也孔子曰黃衣狐裘皆與此注相發明鄭義甚核豈孔疏畧所能及羔裘玄冠不
以弔孔曰喪主素吉主玄吉凶異服穀梁僖三年疏引論
語鄭注玄冠委貌諸侯視朝之服案士冠記鄭注云或謂委貌爲玄冠玉藻鄭注
玄冠委貌也士冠禮又言玄冠朝服鄭意以玄冠亦諸侯視朝之制故也不可用以弔孔謂喪主素非也且朝服素韠
吉亦未嘗不用素也又案周禮司服凡弔事弁經服鄭注弁經者如爵弁而素加環經論語曰羔裘玄冠不以弔賈
疏羔裘玄冠不以弔彼謂小斂之後主人已改服客則不用玄冠羔裘朝服以弔之是鄭義也鄉人儺孔
曰儺驅疫鬼也恐驚先祖故朝服而立於廟之阼階月令
正義鄭注論語鄉人儺云十二月命方相氏索室中驅疫
鬼案周禮方相氏帥百隸而時難以索室驅疫鄭注月令季冬命國難賈疏此經時難據十二月大難而言是以
鄭引季冬爲證鄉黨鄉人儺亦皆據十二月民庶得儺而言也高誘注呂覽季冬紀亦據方相氏文與鄭君合孔謂
恐驚先祖本郊特牲存室神義然室神當指五祀言非廟祖也經言儺以索室不聞於廟行之昌黎筆解亦云正文廟

無窮子又云恐驚先祖疑孔穿鑿知柳下惠之賢孔曰柳下惠展禽也文選陶徵士誄注引論語柳下惠為士師鄭玄曰柳下惠魯大夫也展禽食采柳下謚曰惠案左傳僖二十六年正義云氏展名獲字禽柳下是其所食之邑與鄭君合列女傳其妻曰夫子之謚宜為惠兮後漢書張晧傳柳下惠見抑於臧文李賢注柳下惠姓展名禽字獲食邑于柳下謚曰惠莊子盜跖釋文惠謚也柳下邑名淮南子注謂展禽家有柳樹身行德惠故號柳下惠非也大師摯適齊章孔曰魯哀公時禮壞樂崩樂人皆去漢書古今人表師古引鄭玄以為周平王時人案謂師摯為周厲王時人司馬遷十二諸侯年表是也謂師摯等八人為殷紂時董仲舒對策班固禮樂志古今人表是也謂仲尼沒後受業之徒或適齊楚或入河海褚少孫補史記禮書是也毛詩黍離序正義引論語注云平王東遷政始微弱故鄭疑為周平王時人又亞飯三飯四飯孔曰亞次也次飯樂師也周禮膳夫疏引論語亞飯三飯四飯鄭云皆舉食之樂包咸曰三飯四飯樂章名周禮大司樂王大食三侑皆令奏鐘鼓故鄭以為舉食之樂夫古文尚書皆綴緝逸書而成間有增竄而後人猶能發其僞況今之孔注

與注古文之康成已多所牴牾若此而又淺陋疏略絕無漢儒注經之古意是豈安國之手筆哉且鄭君網羅百家易則焦贛（李氏周易集解隨卦鄭注引焦贛）京房書則棘下生孔安國衛宏賈逵馬融詩則毛亨韓嬰魯申培春秋則古文經（周禮小宗伯注引）及三傳儀禮則高堂生今文魯淹中及孔壁古文周禮則故書鄭衆鄭興杜子春及衛賈馬解詁禮記則戴德戴聖張恭祖盧植（見坊記正義及本傳）凡兩漢之名儒無不博通而精擇獨集解及他書所引論語注祇以齊古讀正並無一字涉及孔訓者則今所傳之孔注其必非安國所傳康成所見明矣　又案孔注雖多與鄭異然亦閒有襲康成者

一簞笥孔曰簞笥也士冠禮鄭注簞笥也疏注論語亦然左傳宣二年疏引鄭玄論語注簞笥也君子周而不比孔曰忠信為周阿黨為比左傳文十八年正義引論語鄭玄

云忠信為周阿黨為比（忠信為周魯語文）可謂仁之方也已孔曰方道也後漢書班彪傳論注引論語可謂仁之方鄭玄注方猶道也女與回也孰愈孔曰愈猶勝也左傳襄十三年疏引鄭玄論語注云愈猶勝也而致美乎黻冕孔曰損其常服以盛祭服左傳宣十六年正義引論語鄭玄云黻祭服之衣也必有寢衣孔曰今之被也周禮玉府賈疏引論語必有寢衣鄭注云今小臥被是也（說文被寢衣名）式負版者孔曰負版者持邦國之圖籍世說注引鄭注版邦國籍也駢邑三百孔曰伯氏食邑三百家坊記疏引鄭注論語曰伯氏駢邑三百家自諸侯出章孔曰周幽王為犬戎所殺賈公彥序周禮廢興孔子曰諸侯專行征伐十世希不失鄭注云亦謂幽王之後也此數條大旨與鄭同蓋作偽者出於漢以後雖好與鄭異然亦有古訓相傳不能出前人範

闓者故王肅注詩書三禮無一語不欲與鄭反然有無從改易不得不用鄭說者亦此類也

范蔚宗後漢書鄭玄本傳云玄答何休義據通深由是古學遂明盧植傳少與鄭玄俱事馬融能通古今學集解何敘鄭氏就魯論篇章考之齊古爲之注陸氏音義云鄭挍周之本以齊古讀正凡五十事是康成親見古文也其全注惜不傳今畧以諸書所引者次於後并爲之疏其奥義

吾日三省吾身鄭云省思察己之所行也案釋詁省察也集解無注當以此文補之

則以學文鄭云文道藝也大司徒十曰學藝鄭注謂道藝少儀問道藝鄭注道三德六行也藝六藝

道之以德鄭云六德謂智仁聖義中和大司徒文鄭注云知明於事仁愛人以及物聖通而先識義能斷時宜忠言以中心和不剛不柔

素以爲絢兮鄭云文成章曰絢李善注蜀都賦引作文章成曰絢案聘禮絢組鄭注采成文曰絢賈疏鄭注論語云成章曰絢文選注引誤倒

竊比於我老彭鄭云老聃彭祖邢疏王鄉云老是老聃彭

是彭祖輔嗣周鄭說也曾子問正義引鄭注論語云老聃周之太史漢博陵太守孔彪碑述而不作彭祖賦詩亦与
鄭合繹如也鄭云繹志意條達之貌後漢班固傳引鄭注繹調達之貌調條音同相
假借冉子退朝鄭云季氏朝案毛詩緇衣正義引論語冉子退朝注云朝於季氏之私朝邢
疏云鄭玄以冉有臣於季氏故以朝為季氏之朝昭二十五年左傳杜注在君為政在臣為事朝下文云其事則朝為
季氏朝明甚周生烈以為魯君之朝非也在陳絕糧鄭本作粻音張云糧也繹言
粻糧也郭注今江東通言粻雜記鄭注云粻米糧也糍高箋粻糧也費誓峙乃糗糧說文食部引作峙乃餱粻朱
張鄭作侏張云音陟留反案侏古与譸通揚雄國三老箴姦冦侏張晉書慕容垂載記侏
張幽顯魏書恩倖趙修傳侏張不已北齊書源彪傳吳賊侏張即譸張也譸侏音近故鄭音陟留反釋文稱眾家亦
為人姓名鄭君當亦以為人姓名矣又左傳襄四年朱儒是使釋文本亦作侏古侏朱通用而謀動干
戈於邦內鄭本作封內案釋名邦封也封有功于是也邦从邑丰聲音與封近又且在邦域
之中矣釋文邦或作封漢書王莽傳云封域之中古字邦封通則以為厲己也鄭讀為賴
恃賴也案史記范雎傳漆身為厲注厲音賴漢書地理志厲鄉故厲國也師古曰厲讀曰賴說文厲从厂蠆
省聲與賴聲近古字通用說文心部情賴也从心寺聲與鄭訓合子之迂也鄭本作于枉

也案古迂于通文王世子云況于其身以善其君乎鄭注于讀為迂檀弓易則易于則于正義曰于音近迂迂是廣大之意故論語云子之迂也與此同也迂从辵于聲省文从于經義考引釋文作往也恐誤

而衆星共之鄭本作拱王逸九歎章句引論語而衆星拱之又續漢書祭祀志注蔡邕明堂論亦作而衆星拱之皆与鄭本合案物觀考文補遺古本經共作拱一本同

有耻且格鄭云格來也後漢書杜林奏曰孔子曰有耻且格李賢注格來也人皆有慙耻之心且皆來服与鄭合

舉直錯諸枉鄭本作措投也案漢費鳳碑舉直措枉後漢書梁鴻傳章懷注引論語舉直措諸枉則枉人服舉枉措諸直則人不服与鄭本合又則民無所錯手足釋文云本又作措後漢書光武紀引則民無所措手足肅宗紀又引則人無所措手足古錯措通李賢避唐諱故多改民作人說文金部錯金涂也从金昔聲手部措置也从手昔聲錯假借字當从措為正

無適也無莫也適鄭本作敵莫音慕無所貪慕也案雜記赴于適者鄭注適讀為匹敵之敵荀子君子篇天子四海之內無客禮告無適楊倞注適讀為敵大雅民之莫矣荀悅漢紀引詩莫作慕慕本从莫得聲古字通用皇疏有何注云無所貪慕也本鄭君義邢本無之釋玄應維摩詰經上卷音義適莫適都狄反亦敵也言敵匹也莫猶慕也言慕欲也亦用鄭說

述而篇子疾病鄭本無病字陸元朗曰案集解於子罕篇始釋病字則此有病字非

仲弓問子桑伯子

鄭云秦大夫邢疏鄭以左傳有公孫枝字子桑則以此為秦大夫王肅注謂伯子書傳無見肅固好与
鄭相反者也皇疏引虞喜云說苑曰孔子見伯子伯子不衣冠而處弟子曰夫子何為見此人乎孔子曰其質美而無文
繁吾欲說而文之孔子去子桑伯子門人不悅曰何為見孔子乎曰其質美而文繁吾欲說而去其文故曰文質修
者謂之君子有質而無文謂之易野子桑伯子易野欲同人道於牛馬故仲尼曰太簡無文繁吾欲說而文之如虞
氏說則伯子亦非不見書傳也先生饌鄭作餕音俊食餘曰餕案義禮持牲饋食禮
籑者舉奠許諾鄭注古文籑皆作餕有司徹乃籑如儐鄭注古文籑作餕說文籑具食也或从饌徐堅初學記十七
亦引鄭注食餘曰餕餕饌古今字詠而歸鄭本作饋饋酒食也齊人歸女
樂鄭作饋歸孔子豚鄭本作饋案王充論衡明雩篇詠歌饋祭也歌詠而祭也史記
弟子列傳咏而歸徐廣曰一作饋史公傳古文本作饋也荀悅漢紀惠帝紀齊人饋女樂而孔子行後漢書蔡邕傳
注引論語齊人饋女樂左傳定十三年正義亦引齊人饋女樂孟子滕文公下而饋孔子蒸豚儀禮賈疏十四亦引
饋孔子豚皆与鄭本合士虞禮特豕饋食鄭注饋猶歸也古饋歸通又漢書禮樂齊人餽魯而孔子行師古注引論
語齊人餽女樂案書序歸禾史記魯周公世作餽禾檀弓云餽祥肉鄭注士虞禮作歸一切經音義卷七云饋古文
餽同以上鄭注見釋文引而在蕭牆之內也鄭曰蕭之言肅也牆謂

屏也君臣相見之禮至屏而加肅敬焉是以謂之蕭牆劉熙釋名蕭廧在門內蕭肅也臣將入於此自肅敬之處也漢書五行志谷永對曰地震蕭牆之內師古曰蕭肅也人臣至此加肅敬也後漢書方術唐檀傳其禍發於蕭牆章懷注蕭肅也謂屏牆也言人臣至屏無不肅敬也皆与鄭合是漢唐相傳之古訓也說文蕭从艸肅聲周禮甸師共蕭茅鄭大夫云蕭字或為莤莤讀為縮蕭聲近蕭故鄭興讀如縮也又釋名釋樂器云簫肅也其聲肅肅然清也古蕭蕭音同故鄭从蕭為義周伯溫六書正譌謂簫當作崗說文簫注肅聲聲不可諧義姘改蕭為蕭不識古音其謬甚矣又妄

啟予足啟予手鄭曰啟開也曾子以為受身體於父母不敢毀傷故使弟子開衾而視之也案論衡四諱篇云先祖全而生之子孫亦當全而歸之故曾子有疾召門弟子曰開予足開予手曾子重慎臨絕效全喜免毀傷之禍也孔子曰身體髮膚受之父母弗敢毀傷後漢書崔駰傳崔篆慰志賦曰貴啟體之歸全兮庶不忝乎先子章懷引論語注父母全而生之子全而歸之並与鄭義合以上鄭注據集解引

與朋友交周禮地官司諫疏引鄭注論語云同門曰朋同志曰友案有朋自遠方來包曰同門曰朋皇疏鄭玄注司徒云同師為朋同志為友周易兌象君子以朋友講習正義曰同門曰朋同志曰友史徵周易口訣義曰先儒云同處師門曰朋共執一志曰友

大車無

卷上　二八一

輗小車無軏考工記車人賈疏論語注謂大車為柏車小
車謂羊車皇疏引鄭玄曰輗穿轅端着之軏因轅端著之
案車人柏車後鄭注柏車山車輪高六尺牙圍尺二寸羊車先鄭注謂車羊門也後鄭謂羊善也善車若今定張車
較長七尺疏云柏車較雖短轂輻牙則長羊車較雖長轂輻牙則小故得小車之名也劉熙釋名釋車曰柏車柏伯
也大也丁夫服任之大車也羊車羊祥也祥善也善飾之車今犢車是也包咸注云輗者轅端橫木以縛軛軏者轅
端上曲鉤衡說文輗大車轅耑持衡者或从輨或从棿軏車轅耑持衡者从車元聲邢疏引說文軏作軏類篇云軏
軏同陳氏祥道禮書云先儒以大車為牛車小車為羊車羊車轅耑曰軏牛車轅耑曰輗案陳氏言牛車与鄭異羊
車則康成說也瑚璉也禮記明堂位疏引鄭注論語云夏曰瑚殷
曰璉案讀書雜抄亦引鄭注瑚璉黍稷器夏曰瑚殷曰璉包咸注云瑚璉黍稷之器夏曰瑚殷曰璉邢疏云明
堂位夏后氏之四璉殷之六瑚注云皆黍稷器制之同異未聞如記文則夏器名璉殷器名瑚而包咸鄭玄等說此
論語賈服杜等注左傳皆云夏曰瑚或別有所據或相從而誤也案邢叔明疑別有所據近是皇氏論語及禮疏俱
謂鄭為誤非也三以天下讓民無得而稱焉後漢書丁鴻傳論孔
子曰泰伯三以天下讓民無德而稱焉章懷注引論語鄭

玄注云泰伯周大王之長子次子仲雍次子季歷賢又生文王有聖人表故欲立之而未有命大王疾泰伯因適吳越採藥太王歿而不返季歷為喪主一讓也季歷赴之不來奔喪二讓也免喪之後遂斷髮文身三讓也三讓之美皆蔽隱不著故人無德而稱焉

案釋文民無得本亦作德鄭云無德而稱是鄭本作德邢疏引鄭注与季賢同惟从何本作無得為異古德得亦通也范成大吳郡志引江熙曰太伯少弟季歷生文王昌有聖德太伯知其必有天下故欲傳位於季歷以大王病託採藥於吳越不反大王薨而季歷立一讓也季歷薨而文王立二讓也文王薨而武王立三讓也皇疏引范甯曰有二釋一云泰伯少弟季歷生子文王昌昌有聖德泰伯必知其有天下故欲令傳國於季歷以及文王周大王病託採藥於吳越不反大王薨而季歷立一讓也季歷薨而文王立二讓也文王薨而武王立於此遂有天下是為三讓也又一云大王病而託採藥出生不事之以禮一讓也大王薨而不反使季歷主喪死不葬之以禮二讓也斷髮文身示不可用使季歷主祭禮不祭之以禮三讓也案前一說與江大和同後一說與康成同然謂事葬祭不以禮則非又集解引王曰泰伯以天下三讓于王季與鄭析言三讓不同論衡四諱篇云昔太伯見王季有聖子文王知大王意欲立之入吳採藥斷髮文身以隨吳俗大王薨

卷上　二九一

太伯還王季避主太伯再讓王季不聽三讓曰吾之吳越吳越之俗斷髮文身吾刑餘之人不可爲宗廟社稷之主
王季知不可權而受之與子雍言讓於王季合蕭据王充說以背鄭義也又左傳哀七年杜注亦謂泰伯讓其弟季
歷杜義皆遵王蕭桓五年正義義言之詳矣必也正名乎儀禮聘禮疏引鄭注論
語云古者曰名今世曰字皇疏引鄭注云正名謂正書字
也古者曰名今世曰字禮記曰百名已上則書之於策孔
子見時教不行故欲正其文字之誤案隋書經籍志孔子曰必也正名乎名謂
書字名不正則言不順言不順則事不成小學又有正名一卷北齊書李鉉傳鉉以去聖久遠文字多有乖謬感孔
子必也正名之言江式論書表引孔子曰必也正名乎後魏書世祖始光二年初造新字千餘詔書引孔子正名不正
則事不成之語唐玄應一切經音義序云必也正名孔君之遺誥陸德明經典釋文序云夫子有言必也正名乎
名不正則言不順言不順則事不成故君子名之必可言也言之必可行也又許慎說文序云於其所不知蓋闕如
也似亦以正名爲正文字許君在鄭君前是漢儒相傳之古訓也聘禮記百名以上書于策不及百名書于方鄭注
名書文也今謂之字周禮外史掌達書名于四方鄭注古曰名今曰字大行人諭書名鄭注名書之字也古曰名
人之生也直毛詩隰有萇楚疏引論語注云始生之性皆

正直即程子生理本直意予有亂臣十人左傳襄二十八年正義引鄭玄論語注十人謂文母周公太公召公畢公榮公太顛閎夭散宜生南宮适書疏十一稱先儒鄭玄等同案馬融曰亂治也治官者十人謂周公旦召公奭太公望畢公榮公太顛閎夭散宜生南宮适其一人謂文母与鄭君合邢疏云十人謂周公旦以下者先儒相傳為此說也宋劉原父以為子無臣母之義王伯厚云釋文予有亂十人左傳叔孫穆子亦曰武王有亂十人本無臣字舊說不必改晏案陸元朗云本或作亂臣十人非唐開成石經亦無臣字令論語有臣字後人因晚出泰誓而妄益之非帷裳必殺之左傳昭元年疏引論語鄭康成云帷裳謂朝祭之服其制正幅如帷非帷裳者謂深衣削其幅縫齊倍要皇疏鄭注此云帷裳謂朝祭之服其制正幅如帷也非者謂餘衣也殺之者削其幅使縫齊倍腰者也王肅曰衣必有殺縫唯帷裳無殺也邢疏謂朝祭之服上衣必有殺縫在下之裳其制正幅如帷名曰帷裳則無殺縫其餘服之裳則亦有殺縫故深衣之制要在縫半下縫齊倍要江氏永曰接帷裳對深衣及長衣中衣之裳言之深衣等裳無辟積其當旁之衽須斜裁謂之殺朝服祭服喪服皆用帷裳有辟積則前三幅後四幅皆以正裁有辟積故無殺王注乃對上衣言之誤矣衣身与袂俱以二尺二寸之正幅各去邊二

寸縫之安得有殺始作周禮大司樂疏引論語鄭云始作謂金奏
案鍾師掌金奏鄭注擊金以為奏樂之節金謂鍾及鎛史記樂書古之作樂鑮金以始之故始作謂金奏子貢
欲去告朔之餼羊毛詩我將疏引論語注云諸侯告朔以
羊則天子特牛焉案玉藻聽朔鄭注凡聽朔必以特牲告其帝及神配以文王武王正義論語注
天子特牛與以其告朔禮畧故用特牛皇疏鄭注論語云諸侯用羊天子用牛與侃案魯用天子禮告朔應用牛而
今用羊者天子告朔時帝事大故用牛魯不告天帝故依諸侯用羊也選於衆舉皋陶路史後
紀羅苹注引鄭注皋陶為士師號曰庭堅案左傳文五年臧文仲曰皋陶
庭堅不祀文十八年傳高陽氏才子八人庭堅杜注庭堅即皋陶字正義亦引鄭此注狎大人士相
見禮疏引論語狎大人注謂天子諸侯為政教者皇疏大人謂居
位為君者也史記索隱引向秀曰聖人在位謂之大人蹴踖如也後漢書明帝紀注
引鄭玄注論語云蹴踖敬恭貌馬融曰蹴踖恭敬之貌說文踖从足昔聲一曰蹴踖
廣韻蹴踖敬貌切切偲偲怡怡如也毛詩常棣疏引論語注云切
切勸競貌怡怡謙順貌馬融曰切切相切責之貌怡怡和順之貌與鄭義近臧文仲

居蔡章左傳文二年疏引論語鄭玄云節栭也刻之為山棁梁上楹也畫以藻文蔡謂國君之守龜左傳襄二十三年疏又引論語鄭注出蔡地因以名焉山節藻棁天子之廟飾皆非文仲所當有之案集解引包曰蔡國君之守龜出蔡地因以為名焉長尺有二寸居蔡僭也節者栭也刻鏤為山棁者梁上楹畫為藻文言其奢侈与鄭義同漢書食貨志玄龜為蔡如淳曰臧文仲居蔡蔡謂此也説謂蔡國出大龜也与包注言出蔡地合臣瓚譏如氏説非也鄭謂山節藻棁天子之廟飾明堂位文案漢儒説論語此文分為二事雜記禮器言山節藻棁亦是專舉奢侈言又漢書貨殖傳序大夫山節藻棁小顏注以為臧文仲是唐人猶遵古義或以居蔡連文解之非也○大士案家不寶龜故大夫不宜居蔡山節藻棁為天子廟飾亦非大夫之制截然兩事足徵古註之確

浴乎沂郊特牲正義引鄭注論語云沂水在魯城南雩壇在其上水經注引鄭注沂水出沂山皇疏王弼云沂水近孔子宅舞雩壇在其上壇有樹木游者託焉也周禮職方氏青州其浸沂沐鄭注沂山沂水所出也史記夏本紀注引鄭玄書注云地理志沂水出泰山蓋縣

譬如為山未成一簣旅獒疏引論語鄭云簣盛土器包曰簣土籠也漢書禮樂志引孔子曰辟如為山未成一匱師古注匱者織草為器所以盛土也辟讀曰

譬王莽傳綱紀咸張成在一匱釋玄應達摩多羅禪經上卷音義引論語未成一匱說文無簣字當作匱桓公九合諸侯皇疏穀梁傳云衣裳之會十一范甯注曰十三年會北杏十四年會鄄十五年又會鄄十六年會幽二十七年又會幽僖元年會檉二年會貫三年會陽穀五年會首戴七年會甯母九年會葵邱凡十一會鄭不取北杏及陽穀爲九會案邢疏與皇氏同今本莊二十七年穀梁范注亦同釋文引范注會北杏下有又會柯無九年會葵邱不知陸氏何所據也考穀梁莊二十七年楊士勛疏引鄭玄釋廢疾云自柯之明年葵邱以前去貫與陽穀固已九合矣則鄭意不數北杏自外與范注同也或云去貫與陽穀與猶數也言不數陽穀故得爲九也又穀梁傳九年盟于葵邱楊疏論語一匡天下鄭不據之而指陽穀者鄭據公羊之文故指陽穀據此則皇陸邢等謂鄭不取陽穀甚誤鄭注有柯無貫及葵邱皇邢引范注無柯有貫及葵邱尤與鄭君不合陸氏有貫亦非也今尋鄭意數之莊十三年又會柯十四年會鄄十五年又會鄄十六年會幽二十七年又會幽僖元年會檉三年會陽穀五年會首戴七年會甯母是爲九合吾力猶能肆諸市朝周禮鄉士賈疏引論語注云大夫于朝士于市公伯寮是士止應云肆諸市連

言朝耳皇疏殷禮大夫已上於朝士於市邢疏應劭曰大夫已上於朝士於市檀引則將肆諸市朝而妻妾執鄭注大夫以上於朝士以下於市正義曰襄二十二年楚殺令尹子南尸諸朝三日大夫既於朝士則於市也國語臧文仲論五刑曰大者陳之原野小者致之市朝韋昭注其死刑大夫以上尸諸朝士以下尸諸市又案左傳成十七年晉殺三郤尸諸朝昭十四年尸雍子与叔魚於市正義曰尸於市者以其賤故也定十四董安于縊而死趙孟尸諸市是貴者於朝賤者於市鄭君謂連言朝得之

管仲相桓公霸諸侯左傳成二年正義引鄭玄云天子衰諸侯興故曰霸霸把也言把持王者之政教案班固白虎通號篇霸猶迫也把也迫脅諸侯把持其政論語曰管仲相桓公霸諸侯與義合

鄭子路宿於石門後漢書蔡邕傳注引鄭玄注石門魯城外門晨門主夜開閉者潛邱先生曰此惟漢去春秋未遠故鄭能實其所在若宋儒第云地名而已晏案後漢書張皓傳晨門有抱關之夫章懷引論語注云石門魯城外門也晨主守門晨夜開閉也即鄭注范式傳云晨門肆志於抱関太平寰宇記云古魯城凡有七門次南第二門名石門与鄭言城外門合皇甫謚高士傳云石門守者魯人也亦避世不仕自隱姓名爲魯守城門主晨夜開閉或據春秋隱三年以石門爲齊地非也當如鄭說又何氏注云晨門者閽人也邢疏掌晨昏開閉門者周禮閽人亭官鄭注司晨昏以啟閉者賈疏

卷上

三二一

昏時閉門則此名閽人也晨時啟門則論語謂之晨門雖其說鑿矣亦當如鄭注燕晨夜說於經文宿字方合

小道章後漢書蔡邕傳注引鄭玄注小道如今諸子書也泥謂陷滯不通案包注泥難不通皇疏小道謂諸子百家之書也漢書藝文志小說家引孔子曰雖小道必有可觀者焉致遠恐泥是以君子弗為也師古曰論語載孔子之言又蔡邕上封事曰小能小善雖有可觀孔子以為致遠則泥章懷注論語子夏此邕以為孔子之言當別有據也晏案論語載諸賢之言皆折衷於孔子故漢儒引之或直稱孔子李賢疑別有所據恐非夫以鄭之所傳卓然古學而為孔乃多不與之合豈得謂今之孔注為傳壁中書者所作哉

哀公問社於宰我春秋文二年正義云論語哀公問主於宰我先儒舊解或有以為宗廟主者案古論語及孔鄭皆以為社主古論不行於世社主周禮謂之田主張包周等並為廟主晏案皇侃疏云鄭論本云問主公羊疏十三引論語鄭氏注云謂社主初學記二十八引論語鄭注主田主謂社也春秋孔疏謂鄭為社主是也至合孔鄭為一則

殊不然今偽孔注直云凡建邦立社各以其土所宜之木並無主字王伯厚困學紀聞亦云集解引孔說亦不言社主是孔本明作社不作主沖遠之疏失其實矣揆沖遠之意以為孔與鄭言社主近皆据周禮大司徒文故牽合為一不知鄭從古論作主孔從俗本作社豈得溷為一途哉　又案漢儒說此文有二一為社主一為廟主然皆作主無作社者祭法孔疏引異義今春秋公羊說祭有主者孝子之主繫心夏后氏以松殷人以柏周人以栗又周禮說虞主用桑練主以栗無夏后氏以松為主之事許君謹案從周禮說論語所云謂社主也太平御覽五百卅一卷引異義論語哀公問主於宰我夏后氏以松夏后氏河東宜松也殷人以柏殷人都亳宜柏也周人以栗周人都灃鎬宜栗也周禮大司徒云樹之田主各以其野之所宜木鄭注田主田神后土田

正之所依也詩人謂之田祖所宜木謂若松柏栗也說文示部社地主也周禮二十五家為社各樹其土所宜之木釋文鄭本作主云田主謂社此社主之說也杜佑通典吉禮七引五經異義云主者神象也孝子既葬心無所依所以虞而立主以事之小祥以前主用桑者始死尚質故不相變既練易之遂藏於廟以為祭主凡虞主用桑練主夏后氏以松殷人以柏周人以栗通典神主禮引白虎通魯哀公問主於宰我今白虎通脫此文春秋文二年作僖公主杜預集解云主者殷人以柏周人以栗三年喪終則遷入於廟公羊文二年傳云主者曷用虞主用桑練主用栗用栗者藏主也何休解詁云夏后氏以松殷人以柏周人以栗松猶容也想見其容貌而事之主人正之意也柏猶迫也親而不遠主地正之意也栗猶戰栗謹敬貌主地正之意也邪疏張包周本以為哀

公問主於宰我先儒或以爲宗廟主者此廟主之説也社主廟主雖異然可證漢以前古論皆作問主明甚作僞者因有社主一解遂直改論語作社曾謂安國親傳古文而亦從俗作社有是理哉其爲漢以後人所託斷可識矣

論孔注之失

朱子謂孔傳不似西京時文章此語别具隻眼余於論語孔注亦云然試以大毛公詩傳挍之渠便覺氣象渾古此便嫌語意細弱下逮東漢諸儒若康成邵公之説經尚有多少典奥難曉處不似孔注之顯白無滯也即集解所引馬包注猶有質慤近古之意讀者知其爲東京著作也至孔注則平易凡近略無氣力不獨非西京撰述并非東京所依托也當取王輔嗣易注杜元凱經傳集解一例看之使知兩漢諸儒斷無此等文字而余之斷爲子雍作也殊

非妄語願與天下有識者共參之

里仁篇不以其道得之不處也孔曰不以其道得富貴則仁者不處案漢讀皆以道字絕句論衡問孔篇得富貴不以其道又云毒苦貧賤起為姦盜積聚貨財擅相官秩是為不以其道（文淇案魏書王昶傳昶戒子書曰夫富貴聲名人情所樂而君子或得而不處何也惡不由其道耳此用論語義亦以不以其道為句）呂氏春秋有度篇高注引孔子曰不以其道得之不居亦似四字為句孔注以得字連文則與今讀同與古讀異未必漢人筆也

又觀過斯知仁矣孔曰觀過使賢愚各當其所則為仁矣案後漢書吳祐傳所謂觀過斯知人矣引經作人正與人之過也相應古仁人多通用僞孔直訓為仁義之仁其誤甚矣　又案述而篇古之賢人也古本作賢仁故鄭注云孔子以伯夷叔齊為賢且仁學而篇其為仁之本與後漢

書延篤傳引作孝悌也者其為人之本與初學記友悌部太平御覽人事部引論語俱作其為人之本與方與其為人也孝弟文法相應集解本作為仁何注謂仁道可大成非也

子罕篇病閒曰孔曰少差曰閒左氏文十六年傳公有疾使季文子會齊侯於陽穀請盟齊侯不肯曰請俟君閒杜注閒疾瘳昭十四年傳司徒老祁慮癸偽廢疾使請於南蒯曰請待閒而盟杜注閒差也襄十年傳晉侯有閒杜注閒差也昭七年傳韓子祀夏郊晉侯有閒杜注閒差也案禮記文王世子云旬有二日乃閒鄭注閒猶瘳也釋文瘳差也方言云差閒愈也南楚病愈者謂之差或謂之閒廣韻閒瘳也孔子之沒在子路之後此使為臣及請禱子路尚存皆夫子暫病時事記病閒者明疾病已瘳之後而有

是言也閒即霍然病已僞孔謂少差曰閒真臆造矣

泰伯篇侗而不愿孔曰侗未成器之人案說文侗大也从人同聲侗者言志意遠大與狂正一類莊子庚桑楚云侗然而來釋文作侗云本又作侗字林云大也三蒼云殼質貌言侗有大志當以愿慤爲貴不愿則大而無實何所取乎孔注謂未成器非也考顧命在後之侗孔傳訓爲侗稚與此注未成器義合豈非作僞者出於一人乎說文詷共也从言同聲周書曰在夏后之詷釋文馬融本作詷云共也与許君合今書作侗疑晚出書臆改今文

鄉黨篇誾誾如也孔曰中正之貌案說文言部誾和悅而諍也从言門聲省作言玉藻二爵而言言斯鄭注言言和敬貌釋文言言魚斤反與誾同僞孔訓爲中正失之

子罕篇麻冕孔曰緇布冠也古者績麻三十升布爲之案儀禮士冠禮緇布冠缺項青組纓屬于缺緇纚廣終幅長

六尺又記云始冠緇布之冠也大古冠布齊則緇之其緌也孔子曰吾未之聞也冠而敝之可也賈疏云據士以上冠時用之冠訖則敝之不復著也若庶人猶著之故詩云彼都人士臺笠緇撮是用緇布冠籠其髮是庶人常服之矣玉藻緇布冠繢緌諸侯之冠也雜記大白緇布之冠皆不緌案此則士冠所言緇布冠乃賤者之常服不得稱冕玉藻所言為諸侯冠雜記所言為凶冠皆非麻冕之制尚書顧命曰王麻冕黼裳正義曰禮績麻三十升以為冕故稱麻冕左氏桓二年傳衡紞紘綖正義曰綖冠上覆者冕以木為幹以玄布衣其上謂之綖論語尚書皆云麻冕知其當用布也白虎通紼冕篇云絻所以用麻為之者女功之始示不忘本也即不忘本不用皮乃太古未有禮文之服故論語曰麻冕禮也續漢書輿服志劉昭注云上古皆

以布中古以絲孔子曰麻冕禮也今也純儉然則麻冕績麻布為之僞孔以緇布冠當之謬甚　又江氏永羣經補義曰朝服十五升一千二百縷當為定說若麻冕用三十升布非也且古尺二尺二寸容一千二百縷朱子已謂其極細如今之細絹矣豈可更倍為二千四百縷乎然則麻冕亦不過十五升必非三十升也

鄉黨篇君子不以紺緅飾孔曰一入曰緅紺者齋服盛色以為飾衣似衣齋服也緅者三年練以緅飾衣為其似衣喪服皇疏孔意言紺是玄色也緅是淺絳色也邢疏紺玄色纁淺絳色今孔氏曰一入曰緅者未知出何書又云緅者三年練以緅飾衣則似讀緅為縓案檀弓云練練衣黃裏縓緣注云小祥練冠練中衣以黃為内縓為飾黃之飾卑於纁縓纁之類明外除故曰為其似衣喪服晏案說文

紺，帛深青揚赤色。从糸，甘聲。釋名釋采帛曰：紺，含也，青而含赤色也。廣雅：紺，蒼青也。唐釋玄應大涅槃經音義：紺，青赤也。謂青而含赤色也。僞孔妄謂紺齋服盛色，周禮司服云其齋服有玄冠素端，以此當紺，是以紺為玄矣。而皇、邢疏因謂紺為玄色，何其謬也。又案爾雅釋器一染謂之縓，郭注：今之紅也。儀禮既夕記縓緣，鄭注：一染謂之縓，今紅也。孔誤以緅為縓，故曰一入為緅，不知縓近紅而緅近黑，其色迥殊。考工記鍾氏云：五入為緅，七入為緇。鄭注：染纁者三入而成，又再染以黑則為緅。緅，今禮俗文作爵，言如爵頭色也。又復再染以黑，乃成緇矣。先鄭說引論語文。賈疏：淮南子云以涅染紺則黑於涅，涅即黑色也。纁若入赤汁則為朱，若不入赤而入黑汁則為紺矣。若更以此紺入黑則為緅，而本（文淇案：浦鏜校本「而」字作「則」）此五入為緅是也。儀禮士冠禮鄭注云凡染黑五入為緅又爵弁鄭注云其色赤而微黑如爵頭然或謂之緅賈疏巾車云雀飾鄭注云雀黑多赤少之色是也据此則緅近赤而微黑作偽者不考而妄以緅當之謬矣又皇邢疏謂緅為淺絳色釋器三染謂之纁鄭注纁絳也士冠禮纁裳鄭注淺絳裳說文纁淺絳也从糸熏聲淺絳名纁不名緅疏說亦誤

又皇疏引鄭注紺緅玄之類也紺緅木染不可為衣飾謂純緣也案紺緅皆赤而微黑鄭以為玄之類近是

又失飪不食孔曰失飪失生熟之節案說文飪大熟也从食壬聲小徐繫傳引論語曰失飪不食儀禮公食大夫禮魚腊飪鄭注飪熟也特牲饋食禮請期曰羹飪鄭注亦云飪熟也揚子方言云飪爛熟也徐揚之間曰飪趙魏之間火熟曰爛呂氏春秋本味篇熟而不爛高誘注爛失飪也

論語曰失飪不食釋常談云飲食過熟謂之失飪論語曰失飪不食歷考諸説則失飪為過熟甚明孔注謂失生熟之節猶云半生半熟其誤甚矣爾雅釋器米者謂之糪釋文引李巡云米飯半腥半熟曰糪是失生熟名糪不名飪也

顏淵篇齊景公問政於孔子孔曰當此之時陳恒制齊案以左傳考之景公初年陳文子須無桓子無宇尚在朝其後終景公之世則無宇子乞為政是為僖子乞生子八人見哀十四年杜注及正義引世本成子恒其一也左傳哀十四年成子始見公羊哀六年傳景公死而荼立陳乞對諸侯大夫稱常之母常即陳恒傳云齊簡公之在魯也闞止有寵焉杜注事在六年及即位使為政陳成子憚之考簡公即位元年實魯哀公之十一年陳恒是時始為政上溯悼公四年並未嘗一日事景公孔注謂景公時陳恒制齊紕繆極矣又史記田敬仲完世家云田釐與僖同子乞事

齊景公景公卒立荼田乞不説立陽生是爲悼公而殺孺子荼悼公四年田乞卒子常代立（案常即恒疑史公避漢諱作常）是爲田成子鮑牧弒悼公立子壬是爲簡公田常成子相簡公据此則陳乞之卒在齊悼四年即魯哀之十年陳恒以是年立次年簡公即位恒始相之上距春秋哀五年景公薨已踰五年安得有制齊事僞孔不考時勢而妄爲此説耳

憲問篇如其仁如其仁孔曰誰如管仲之仁案如其仁者微辭也何以知之以法言句法知之（文淇案何以知之二句擬删）法言吾子篇云或問屈原智乎曰如玉如瑩爰變丹青如其智如其智注云言屈原雖有行能如此之美而不能樂天知命至於自沈不足言其智也此注深得子雲之意漢書雄本傳云又怪屈原文過相如至不容作離騷自投江而死悲其文讀之未嘗不流涕也以爲君子得時則大行不得

時則龍蛇遇不遇命也何必湛身哉然則反離騷一篇蓋深傷屈原之不智也如其智者猶言何如其智也法言號為擬論語如其仁二句法實與此同子雲讀書猶未誤也蓋夫子特稱管仲之功至於仁固未嘗輕許觀下文非仁一問子亦弟許其勳業而不一涉及仁字可為明徵此經中一大節目願與潛心讀書者細體之荀子大略篇管仲之為人力功不力義力知力仁楊倞注雖九合諸侯一匡天下而不全用仁義也又案家語致思篇子路問於孔子曰管仲之為人何如子曰仁也王肅注得仁道也謂管氏為仁豈非肅之僞撰乎

衛靈公篇在陳絕糧孔曰孔子去衛如曹曹不容又之宋宋遭匡人之難又之陳會吳伐陳陳亂故乏食案史記世家云或譖孔子於衛靈公孔子居十月去衛將適陳過匡匡人聞之以為魯之陽虎拘焉去匡過蒲月餘反乎衛靈

公與夫人同車使孔子爲次乘醜之去衛過曹是歲魯定公卒孔子去曹適宋徐廣曰年表定公十三年孔子至衛十四年至陳哀公三年孔子過宋桓魋欲殺孔子孔子去適鄭歲餘吴王夫差伐陳索年表陳湣公八年吴伐我即魯哀公元年居陳三載會晉楚爭彊更伐陳及吴侵陳陳常被寇孔子去陳過蒲遂適衛孔子既不得用於衛將西見趙簡子至於河而聞竇鳴犢舜華之死也乃還息乎陬鄉而反乎衛入主蘧伯玉家他日靈公問兵陳孔子曰俎豆之事則嘗聞之軍旅之事未之學也明日與孔子語見蜚鴈仰視之色不在孔子孔子遂行復如陳夏衛靈公卒索年表靈公四十二年薨即魯哀公之二年立孫輒爲衛出公是歲魯哀公三年而孔子年六十矣明年孔子自陳遷於蔡明年孔子自蔡如葉去葉反於蔡遷蔡三歲吴伐陳楚救陳徐廣曰哀公四年楚使人聘孔子陳蔡大夫發徒役圍孔子於野不得行絶糧

据此則問陳去衛當在魯哀之二年寶楠案宋胡仔孔子編年正以問陳去衛為哀二年以在陳絕糧為哀六年朱子據論語當在哀二年江氏永以為當在哀四年若以世家言則當在哀七年孔注謂去衛如曹則誤為定之十五年在陳絕糧當在魯哀之四年孔注謂去匡之陳則誤為哀之元年且過匡當在定十三年過曹當在定十五年而偽孔反謂如曹在前過匡在後尤顛倒錯亂之甚矣又孔子止過曹未嘗居曹偽孔妄謂曹不容亦臆造也文淇案又孔子止過曹至亦臆造也數句擬酌刪史記世家云去衛過曹是歲魯定公卒孔子去曹適宋既云去曹適宋亦未見其但過曹而不居曹也又案孔注謂宋遭匡人之難則以匡為宋地矣家語困誓篇孔子之宋匡人簡子以甲士圍之與此注同益信偽孔為子雍託矣然以匡為宋地甚謬案春秋匡有二一鄭地一衛地左傳文元年晉孔達帥師侵鄭伐緜訾及匡杜注匡在潁川新汲縣東北今河南開封府扶溝縣西有匡城定六年公侵鄭取匡杜

注匡鄭地取匡不書歸之晉此鄭國之匡也春秋僖十五年公次于匡杜注匡衛地在陳留長垣縣西南今直隸大名府長垣縣境左傳文八年晉侯使解揚歸匡戚之田于衛杜注匡本衛地中屬鄭此衛國之匡也論語所言畏匡當屬衛地史記稱去匡過蒲正義曰括地志云故蒲城在滑州匡城縣北十五里匡城本漢長垣縣此說甚確左傳桓三年杜注蒲衛地在陳留長垣縣西南是匡與蒲同在一縣孔子去匡即至蒲則匡爲衛地無疑僞孔誤以爲宋不知春秋時宋地固未有名匡者也寶楠謹案世家明言去衛將適陳過匡言將者明未入陳境則爲衛地無疑

八佾篇禘自既灌而往者孔曰禘祫之禮爲序昭穆故毀廟之主及羣廟之主皆合食於太祖灌者酌鬱鬯灌於太祖以降神也既灌之後列尊卑序昭穆而魯逆祀躋僖公

亂昭穆故不欲觀之矣案春秋文二年大事於大廟躋僖公公羊傳云大事者何大祫也大祫者何合祭也其合祭何毀廟之主陳于太祖未毀廟之主皆升合食於太祖魯語曰夏父弗忌為宗烝將躋僖公宗有司曰非昭穆也孔注本此然公羊所言者祫論語所言者禘孔溷禘為祫亦已誤矣又考王制疏云王肅聖證論引賈逵說吉禘於莊公禘者遞審遞昭穆遷主遞位以禘為序昭穆豈非子雍之說哉王制疏稱王肅論禘引逸禮皆升合於其祖鄭不用又案謂不欲觀為譏魯漢儒從無作此解者周易云觀盥而不薦李鼎祚集解引馬融曰盥者進爵灌地以降神也此是祭祀盛時及神降薦牲其禮簡略不足觀也國之大事唯祀與戎王道可觀在於祭禮祭祀之盛莫過初盥降神故孔子曰禘自既灌而往者吾不欲觀之矣此言及薦簡略則不足觀也又

引虞翻曰觀盥而不薦孔子曰禘自既灌吾不欲觀之矣王輔嗣注亦云宗廟之可觀者莫盛於盥至薦簡略不足復觀故觀盥而不觀薦也孔子曰禘自既灌而往者吾不欲觀之矣論語之不欲觀義當如馬虞諸儒也故祭統云祭有三重獻之禮莫重於裸此周道也周人尚臭灌鬯之禮君親執圭瓚禘之可觀莫盛於此自是以往則禮殺矣今孔注獨謂指魯逆祀夫君子居是邦不非其大夫況孔子身為魯臣而直斥之曰不欲觀可乎且孔注於下章論禘既知為魯君諱於陳司敗問昭公章孔注亦云諱國惡禮也而獨於此章論禘不為之諱且明斥之有是理哉其說有所不通矣周禮籩人疏引鄭注論語云禘祭之禮自血腥始

季氏篇且在邦域之中矣孔曰魯七百里之封顓臾為附庸在其國中潛邱先生曰孟子一則公侯皆方百里再則

大國地方百里證以周公太公其封齊魯不過各方百里耳而孟子時魯地且五倍之以為有王者作則必在所削安得有成王封周公於曲阜地方七百里之說哉為此說者乃明堂位篇中多誣不可勝舉余嘗上稽周易雷聞百里公侯國制厥象取此下徵魯頌公車千乘惟百里數適相應惜也采入集注顯與孟子悖晏案孟子為魯公族孟孫後見趙岐章指題辭其言儉于百里必不誤集注采明堂位文亦承偽孔之妄說耳

又政逮於大夫四世矣孔曰文子武子悼子平子江氏永羣經補義曰不數桓子則非其數文子則是祿去公室始於宣公專政者東門遂輔之者季孫行父襄仲死遂子家者行父也觀傳所載虧姑成婦等行父亦專橫矣故專政當自文子始集注謂武子始專政歷悼平桓子為四世朱

子考之未詳耳按昭五年宋樂祁曰魯政在季氏三世矣魯公喪政四公矣杜注三世文子武子平子四公宣成襄昭孔疏云不數悼子者悼子未為卿而卒不執魯政故不數也十二年傳曰季悼子之卒也叔孫昭子以再命為卿卿必再命乃得經書名氏七年三月經書叔孫婼如齊涖盟其年十一月季孫宿卒是悼子先武子而卒平子以孫繼祖也此疏甚確當以文子武子桓子平子為四世晏案左傳昭三十二年史墨曰季友受費以為上卿至於文子武子世增其業不廢舊績魯文公薨而東門遂殺適立庶魯君於是乎失國政在季氏於此君也四公矣是專政自文子始左氏有明文矣考文子自文公六年已聘陳聘晉迄於文之末年遂黨襄仲而殺適立庶宣公既立又恐姜氏大歸訴於齊而來討宣元年文子如齊納賂以請會

會於平州以定公位及襄仲死又訟言其惡而逐東門氏文子之罪大矣故春秋繁露玉杯篇云孔子曰政逮於大夫四世矣蓋自文公以來之謂也又左氏有季武子愛悼子欲立之語後不果武子卒即平子代立悼子未為卿也未為卿則政不逮政不逮則不在四世之數偽孔遺桓子而數悼子謬矣

微子篇植其杖而芸孔曰植倚也案漢熹平石經論語植作置金縢云植璧秉圭正義引鄭云植古置字釋文徐音置商頌那云置我鞉鼓箋云置讀曰植莊子外物篇釋文云植本亦作置說文植或作⿰木置从置安國既傳古文宜从置為義今乃訓植為倚作偽者可謂不識字矣

又齊人歸女樂章孔曰桓子使定公受齊之女樂君臣相與觀之廢朝禮三日案孔注專罪季氏猶未盡也公羊定十三年

城莒父及霄何休解詁云齊懼北面事魯饋女樂以間之定公聽季桓子受之三日不朝當坐淫故貶之歸女樂不書者本淫受之故深諱其本文漢書五行志云定公即位既不能誅季氏又用其邪說淫於女樂而退孔子鄒陽傳云昔魯聽季孫之說逐孔子余謂定公果信任孔子發奮為政何至有廢朝之事哉必是時已厭薄正人季孫因乘其隙用其邪謀以逐孔子木必先朽也而後蛀生之漢儒首責定公而罪其聽季孫之說其義大矣偽孔之注不已淺歟

案孔注亦有不誤而後人刊本致訛者如公孫拔作枝子服何作何忌是也何忌蓋因孟懿子下孔注有何忌字相涉而誤邢氏正義已訂之矣而公孫枝集注猶沿用之毛本注疏亦仍而不改或引檀弓鄭注為證余謂釋文明音皮八反則舊本之為拔無疑矣今皇本正作拔文淇案此條擬刪諸家校本已正刊本之誤○寶楠案伯厚已言之乃刊本誤

案孔注於孟懿子孔文子子子產令尹子文孟之反祝鮀葉公公叔文子蘧伯玉史魚諸人皆詳其名字謚爵非熟於左氏者不能又裨諶下引謀於野則獲於國則否子產下引古之遺愛臧武仲以防注防武仲故邑魯襄公二十三年武仲爲孟氏所譖出奔邾自邾如防使以爲大蔡納請曰紇非能害也知不足也非敢私請苟守先祀無廢二勳敢不辟邑乃立臧爲紇致防而奔齊桓公殺公子糾章注齊襄公立無常鮑叔牙曰君使民慢亂將作矣奉公子小白出奔莒襄公從弟公孫無知殺襄公管夷吾召忽奉公子糾出奔莒齊人殺無知魯伐齊殺子糾小白自莒先入是爲桓公乃殺子糾召忽死之皆本諸左傳案左氏不顯於西京劉歆讓博士之後平帝時始立學官安國仕於武帝之世何遽熟悉若是余於此不能無疑及觀家語致思

篇載子路問子糾事肅注援引左傳與論語孔注一一相同乃知肅曾注左故多言舉典綜悉無遺安國豈真有左癖耶大士案此論甚妙肅乃自逞其博而不知其顯露破綻也

案漢儒傳經於本朝之諱皆避寫漢石經殘碑尚書安定厥國論語國君為兩君之好何必去父母之國大雅抑毛傳云國有道則智國無道則愚班固白虎通爵下引論語國君之妻國人稱之曰君夫人易蹇彖傳以正邦也釋文荀陸本作正國避漢朝諱漢書王嘉傳引書亡教逸欲有國刑法志引善人為國百年易邦為國此皆漢儒避高帝諱也又考史記夏本紀載禹貢常衛既從太行常山改恒為常避文帝諱仲尼弟子列傳引論語雖蠻貊之國行也在國必聞國有道穀國無道穀國有道不廢國無道免于刑戮於漢諱無不回避者今集解哀公問社於宰我孔曰

凡建邦立社式負版者孔曰持邦國之圖籍民無信不立孔曰治邦不可失信邦有道穀孔曰邦有道當食祿稱諸異邦曰寡小君孔曰對異邦謙故曰寡小君則顯犯高帝諱齊景公問政於孔子孔曰陳恆制齊則顯犯文帝諱安國仕武帝時去高祖文帝時甚近焉能於君上之名竟如是其真書不諱哉此作僞者顯然大破綻也又後漢書李業傳業歎曰危國不入亂國不居夫東漢去西京已遥而諸儒猶避高諱況安國身仕漢初者乎史公爲安國弟子亦避漢諱況安國稍處其先者乎則今之孔注其不出安國之手亦不待智者而後知矣

安國之書後人多好依托論注書傳之外若隋志有古文孝經一卷孔安國傳或謂劉炫僞撰近歙縣鮑氏於市舶得日本古文孝經孔氏傳一卷山井鼎孝經考文云臣驗

其一二中有炫以為之語則劉炫作之明矣至如家語稱安國所撰述唐書蓺文志書類有王肅孔安國問答三卷書正義載李容儀泰誓引孔安國傳釋文又有孔安國尚書音陸氏曰案漢人不作音後人所托總緣安國親傳古文遂致後人動思僞托夫以壁中之真古文兩漢諸儒不能寶傳於未亡之前魏晉以降乃復贋造於既亡之後不如無書此又窮經者所掩卷而三嘆也　又案古文孝經孔傳世皆疑劉炫僞作以余考之實不然亦斷為王肅依托確有明徵非謂天下之惡皆歸也舊有日本孝經孔傳跋一篇今錄於此跋云右古文孝經孔傳一卷近汪氏翼滄所得日本國書也案先儒之言古文者陸氏孝經釋文云庶人章故自天子古文分此以下別為一章聖治章父子之道古文從此以下別為一章不愛其親古文從此以

下別為一章邢氏疏引古文經仲尼閒居曾子侍坐黃東發日抄云今文子曰先王有至德要道古文子曰參先王有至德要道今文夫孝德之本也教之所由生也古文夫孝德之本教之所由生唐會要引古文閨門章閨門之內具禮矣乎嚴親嚴兄妻子臣妾繇百姓徒役也孔注因天之時察地之利曰脫衣就功暴其肌體朝暮從事露髮塗足少而習之其心安焉釋文引孔注居靜而思道也舊唐書二十一引孔傳帝亦天也邢疏亦多引孔傳大旨皆與日本書同殆即隋劉炫所得古文孔傳唐宋以來流傳之本也漢蓺文志有孝經古孔氏一篇自注二十二章顏監引劉向曰古文字也庶人章分為二也曾子敢問章分為三又多一章凡二十二章今所傳古文分章悉仿子政此語司馬貞謂僞作閨門一章比妻子於徒役文句凡鄙不

合經典又分庶人章故自天子以下為一章故者連上之詞即為章首不合言故後人妄開此等數章以合二十二章之數其說謬矣又班志孝經家云經文皆同唯孔氏壁中古文為異父母生之續莫大焉故親生之膝下諸家說不安處古文字讀皆異今宋本古文孝經父母生之云云仍同今文則顯與班志背是一大破綻也日本古文又改續莫大焉作續莫大焉故親生之膝下作是故親生毓之以合古文之異讀其術愈狡而愈僞矣不知班氏言孔氏有孝經古文不言作傳今古文既有孔傳仍與漢志顯背其不合一也許慎說文自敘云一曰古文孔子壁中書也壁中書者魯共王壞孔子宅而得孝經又云其偁孝經皆古文許君子沖上書曰臣父從賈逵受古學又學孝經孔氏古文古文孝經者孝昭帝時魯國三老所獻建武時給

事中議郎衛宏所校皆口傳官無其說考說文几部凥處也从尸得几而止孝經曰仲尼凥凥謂閒凥如此心部悠痛聲也从心依聲孝經曰哭不悠皆卓然真古文今本古文作居不从凥宋本古文作哭不偯与今文同日本古文又作依孔謂無依違餘音亦与說文異其不合二也禮記明堂位疏五經異義引古孝經說明堂文王之廟夏后氏曰世室殷人曰重屋周人曰明堂東西九筵筵九尺南北七筵堂崇一筵五室凡室二筵蓋之以茅周公所以事文王於明堂以昭事上帝今孔傳謂明堂禮謫之堂與許君所引古說不同其不合三也玉海卷四十二引桓譚新論古孝經一卷凡二十二章千八百七十二字今異者四百字蓋嘉論之林藪文義之淵海也經義考卷二百二十二引李士訓曰大歷初予帶經鋤瓜於灞水之上得石函中

有絹素古文孝經一部二十二章一千八百七十二言與桓君山字數合今日本古文一千八百六十一字少十一字其異者二百餘字不及四百字之數其不合四也唐韓退之集科斗書後記稱李監陽氷子授余以其家科斗孝經宋郭忠恕汗簡載古孝經孝作□愷作□弟作□淑作□擗作□庶作□處作□疑即科斗書孝經文並與今本古文異其不合五也有此五驗則世所傳古文孝經必非安國之所傳明矣隋經籍志謂安國之本亡於梁亂至隋秘書監王劭於京師訪得孔傳送至河間劉炫炫因述其義疏講於人間儒者皆云炫自作之非孔舊本余復考唐會要云古文孔傳隋開皇十四年秘書學生王孝逸得一本送王邵以示劉炫邢疏亦云隋王邵所得以送劉炫炫序其得喪述其義疏議之是古文之傳先爲王劭所得不

始於炫則謂劉炫所作者亦誣也竊以孔氏古文孝經漢人皆不言作傳惟偽家語後序言孔安國作孝經傳二篇家語為王肅私定疑此古文孝經孔傳亦作偽於王肅劉光伯後得其書從而誤信之耳曷以明之釋文仲尼居引王肅云閒居也古文正作仲尼閒居此王肅暗据古文證成其偽以難鄭氏凥講堂之義不知鄭本作凥與說文稱古文孝經合肅既顯悖真古文而又陰附偽古文此王肅依托之一證也經云仲尼居日本孔傳云仲尼之兄伯尼考史記孔子世家不言孔子兄名字商頌正義引世本云防叔生伯夏伯夏生叔梁紇叔梁紇生仲尼亦無孔子兄名字即漢儒注論語孔子兄之子亦未聞有伯尼之號且史記言禱於尼邱而生孔子故字曰尼而謂先生之伯兄若預知有後日之禱從而字之曰尼更萬萬無是理獨家

語本姓解稱叔梁紇妾生孟皮一字伯尼明是王肅杜撰因仲尼之稱臆造伯字而偽孔傳竟與之合此子雍依托之二證也經云郊祀后稷以配天宗祀文王於明堂以配上帝邢疏引孔傳云圜邱祀天日本國孔傳云上帝亦天也文王於明堂后稷於圜邱也考通典卷一百六神位引孝經此文云先儒以為天是感精之帝即太微之五帝此鄭君感生帝之説與孔傳異惟通典卷五十三郊天下引王肅等郊即圜邱圜邱即郊通鑑音注三十六引王肅注上帝天也尚書釋文亦引王肅云上帝天也皆与偽孔傳合與漢儒言六天者不同此王肅依托之三證也經云孝無終始而患不及者孔傳謂必及患禍邢疏蒼頡篇謂患為禍孔王引之以釋此經又經云不敢遺小國之臣孔傳小國之臣臣之卑者也邢疏引王肅注小國之臣至卑者

耳經云昔者明王事父孝故事天明事母孝故事地察孔傳王者父事天母事地邢疏引王肅注王者父事天母事地經云將順其美孔傳將行也邢疏引王肅注將行也隋經籍志有王肅孝經解一卷久佚不傳今略見於邢叔明所引已與孔傳宛同此王肅依托之四證也經云天子有爭臣七人孔傳七人謂三公及前疑後丞左輔右弼也家語三恕篇昔者明王萬乘之國有爭臣七人王肅注天子有三公四輔四輔前曰疑後曰丞左曰輔右曰弼与孔傳符合此王肅依托之五證也由是觀之其爲肅之妄作豈不昭昭然哉夫孔傳与古文不合者五可斷其非真古文與王肅闇合者五又可斷其爲肅僞撰矣自唐司馬貞元吳幼清明宋景濂歸震川皆斥古文之僞日本山井鼎考文又疑孔傳爲劉炫作然未有知爲王肅托者茲特疏通

證明詳著其說於此匪直辨臨淮之贗抑亦雪光伯之冤也

或疑唐志載王肅孔安國問答或晉孔安國未必漢孔氏也余考晉書孔安國傳字安國以儒素顯孝武帝時甚蒙禮遇安帝隆安中詔以領軍將軍領東海王師義熙四年卒據此則東晉孔氏孝武帝時始通顯王肅以魏甘露元年薨至東晉烈宗孝武帝寧康元年隔百十有一年自寧康元年歷三十四年為安帝義熙四年東晉孔氏卒時代迥不相及斷無相與論難之理且唐志以此書入書類必王肅偽撰古文尚書依托漢孔氏論書語也

又案冊府元龜載孔鮒為陳勝博士撰論語義疏二卷案孔甲在安國之前此本於他書亦未聞意亦後人依托歟

史記引論語皆古文與今孔注多異

太史公自序云年十歲則誦古文孔子世家太史公曰余讀孔氏書想見其為人孔氏亦指安國言文淇案太史公所言孔氏不必定指安國儒林列傳云陳涉之王也而魯諸儒持孔氏之禮器下又云縉紳先生之徒負孔子禮器往上云孔氏下云孔子是孔氏而孔子也儒林傳又云孔氏有古文尚書而安國以今文讀之則孔氏非指安國也謂曾讀安國所傳之古文也此下孔子布衣云云又云折中於夫子及弟子傳皆稱孔子不言孔氏明有別也今史記所載

若吾與臧也史記又有奚容臧字子皙裴注臧音點釋適之金壺字考云臧點同案點从黑占聲臧从茂占聲臧即點之古文也說文黑部有黷字云雖晳而黑也从黑箴聲古人名黷字子皙疑即臧之異文當从黑从箴艸竹特隸體之小變後人說刊从咸讀為古咸切非

予所不者釋文否鄭縛方有反不也呂氏春秋貴因篇高誘注引論語予所否者皆古文也說文否不也从口从不不亦聲

與衣狐貉者立集韻狢本作貈顏元孫干祿字書云狢貉上通下正山井鼎考文云与衣狐貉者立古本貉作狢狐貉之厚以居亦作狢

君召使儐釋文擯本又作儐同說文儐導也从人賓聲或从擯

雖在累紲之中易坎非讀其祇鄭虞作纍蜀才作累呂氏音訓晁氏曰古文作累讀為縲說文無絏字紲系也从糸世聲釋文亦作紲漢書司

卷上　吾一

馬遷傳何至自甚溺累紲之辱哉皆古文今作縲絏非張參五經文字云緤本从世緣廟諱偏傍今經典並準式例變據此則論語本作紲唐人避太宗諱改作絏也

假我數年

古假加聲同大雅假樂君子毛傳假嘉也禮記中庸作嘉樂論語今作加古今字也劉忠定安世言嘗讀他論加作假是宋世古本猶有与史公合者

魚餧肉敗

唐張參五經文字云餧飢也經典相承別作餧為飢餧字以此字為飼餧之餧顏元孫干祿字書餧餧上奴罪反下於備反釋玄應力士移山經音義引論語耕也餧在其中楚語民之羸餧漢書魏相傳振乏餧漢楊孟文石門頌終年不登遺餧之患王純碑閔其粥糜東餧之患說文餧飢也从食委聲一曰魚敗曰餧食部無餧字當从餧六書正譌亦云餧別作餧非

公山不狃

左傳作不狃漢書古今人表同

巫馬施字子旗

呂氏春秋具備篇巫馬旗短褐衣弊裘而往觀化於亶父說文㫃部施旗皃从㫃也聲齊欒施字子旗知施者旗也徐鍇繫傳曰旗之逶迤也白虎通古人為字使人聞其字則知其名季皆如此孔子弟子巫馬施亦字子旗晏案鄭豐施字子旗見昭十六年左傳檀弓鄭注引盧植云古者名字相配今論語作期非

三復白珪

隸釋漢費鳳別碑南容復白珪與史公合說文圭古文从珪

上德哉若人

古上尚通漢書賈誼傳上親上賢上齒上貴義與尚同匡衡傳治天下者審所上而已師古曰上謂崇尚也顏淵篇草尚之風必偃釋文云本或作上

吾豈得而食諸

漢書武五子傳壺關三老茂上書曰雖有粟吾豈得而食諸釋文作豈得皇侃

本亦作豈得山井鼎考文云足利本同

不如貧而樂道

王楙野客叢書云范蔚宗曰孔子稱未若貧而樂道或謂論語脫一道字僕觀前漢引此語初無道字晏案漢書王莽傳孔子曰未若貧而樂上文云清靜樂道似漢書本有道字後人傳竊脫爾集解鄭注云樂謂志於道疑鄭本亦有道字唐開成石經作未若貧而樂道皇侃本亦作樂道山井鼎考文云樂下有道字足利本同且史公傳古文亦有道字勉夫失之不考耳

必在汶上矣

釋文鄭本無則吾二字康成曾注古文与史公合

縱之純如也

太平御覽五百六十四引鄭注從讀曰縱縱之謂八音偕作康成以古文讀也今集解何注云從讀曰縱亦襲鄭說

辯辯言

鄭注云便便辯也从古文為訓史記五帝紀引書便章百姓便程東作便程西成便在伏物索隱云令文作辯章周禮春官馮相氏鄭注引辯秩東作辯秩南訛辯秩西成辯在朔易賈疏據書傳而言後漢書劉愷傳注引書辯章百姓古便辯字通用

三人行必得我師

唐石經作必得釋文亦作必得皇本作必得我師山井鼎考文云足利本同

達巷黨人童子

漢書董仲舒傳此亡異於達巷黨人不學而自知者也孟康曰人項橐戰國策甘羅曰項橐七歲為孔子師論衡實知篇夫頊託年七歲教孔子孔子曰生而知之者上謂若項託之類也隸釋童子逢盛碑才亞后橐當為師楷即項橐也

往者不可諫兮來者猶可追也

漢熹平石經往□□可諫也來者猶可追也皇本作往者不可諫也來者猶可追也莊子人間世載接輿歌來世不可待

卷上 五一

往世不可追也皇甫謐高士傳同是古本皆有也字夫以史公親傳古文彰彰如是而集解所引孔注應無不與之合乃何以孔曰巫馬期弟子名施不从旗又曰弗擾為季氏宰不从不狃又曰滔滔者周流之貌也不从悠悠而謂傳壁中古文者其有是乎且孔鄭二君安國傳古文康成注古文同一古文也而史公所引論語多與康成合無有與孔注合者意者誠僞之别固有不可得而揜者乎

或難予曰裴駰注史記引安國注悠悠者周流之貌也不从滔滔魚敗曰餧不从餒以上世家注引纍黑索也紲攣也不从縲絏以上弟子列傳引皆合於古義後平叔作集解妄加竄改附於句下已非安國之舊觀子妄加譏彈無乃寃乎余曰否平叔為魏人序已稱孔訓不傳龍駒生於南北朝去古愈遠何從見安國舊本而引之乎且裴於史記引用論語皆抄

裴何氏集解備載無遺可知裴氏所據亦祇平叔之書别無他本可知其所以與何異者特以史記文異注文割取何書孔遂因之以異如史記吾與蔵也裴引周氏注亦作蔵曾是周之原本而若是乎牽彼就此乃裴作集解之大弊子乃擬是以為孔之舊觀真顛倒見矣

史記仲尼弟子列傳太史公曰弟子籍出孔氏古文近是余以弟子名姓文字悉取論語弟子問并次為篇案孔氏即孔安國也子長與安國同時親從安國受古文其言弟子籍出於孔氏鑿然可信今集解引孔訓弟子祇有與史記異無有與家語異者其與史記合者若子夏弟子卜商也子游弟子姓言名偃回弟子姓顏名淵魯人也宰予弟子宰我路淵父也凡此皆家語弟子解之所同也其異者冶長弟子魯人也姓公冶名長此本家語史記作齊人字

子長皙曾參父名點本家語史記作曾蒧牛宋人弟子司馬犂本家語司馬犂耕宋人史記作司馬耕字子牛不言何地之人宓不齊魯人字子賤史記不言何地之人巫馬期弟子名施本家語史記作巫馬施字子旗夫史公明云弟子籍出孔氏古文而集解所載孔注不惟不與之相孚乃反與之相背則其不出於安國之手無疑矣既不與史記合而一一皆與家語合則其為子邕所托又無疑矣

又案南宮适孔曰南容敬叔魯大夫子謂南容王曰南容弟子南宮縚魯人也字子容不廢言見用史記裴注引孔安國曰南容魯人不廢言見用與王肅注宛同益信作偽者出一手矣案偽孔言魯大夫不云弟子則以括謚敬叔為一人非南容為弟子者又言容為南宮縚則以容名縚自為一人家語弟子解南宮韜魯人字子容不言又名适

而觀周篇本姓解另有南宮敬叔王肅注云敬叔孟僖子子也亦不言弟子正與僞孔合皆一手所爲也後人有以僞孔适即敬叔爲誤者明夏元開輯孔門弟子傳略以南宮縚适括字子容爲一人以仲孫說閱謚敬叔爲一人西河毛氏又力辨敬叔之非弟子余皆以爲非也夫左氏明云南宮敬叔師事仲尼西河之謬不待辨而自明矣案左傳昭七年孟僖子病召其大夫曰必屬說與何忌於夫子使事之而學禮焉杜注說南宮敬叔正義曰說南宮氏也敬謚也叔字也又字容也字括也名說一名縚檀弓南宮縚之妻之姑之喪鄭注南宮縚孟僖子之子南宮閱也字子容其妻孔子兄女正義曰世本云仲孫獲生南宮縚邢疏引世本仲孫貜生南宮縚獲疑貜之訛春秋昭九年經作貜又檀弓南宮敬叔反鄭注敬叔魯孟僖子之子仲孫閱史記孔子世家云釐子卒懿

子與魯人南宮敬叔往學禮焉文淇案敬叔与懿子皆僖子之子史記于敬叔繫以魯人下文魯南宮敬叔言魯君亦繫以魯未聞索隱曰左傳及系本敬叔與懿子皆孟僖子之子弟子列傳云南宮括字子容索隱曰按其人是孟僖子之子仲孫閱也詩我躬不閱左傳襄二十五年引作我躬不說古閱說通用蓋居南宮因姓焉據此則縚也容也适也括說閱敬叔實同為一人矣夫後人必欲分容與敬叔為二者總疑南宮多至數名耳余以左氏傳考之一趙衰僖二十三年稱衰僖二十四年稱子餘文二年稱趙成子文六年稱成季昭元年稱孟子餘一劉蚠昭二十二年稱伯蚠昭二十三年稱劉文公昭二十六年稱劉狄定四年經稱劉卷其一人而五六稱者不可枚舉於南宮氏又何疑且南容一名一字一謚又安在有數名哉考論語敘事無直稱名者則括與容皆其字檀弓世本所云縚則其名也縚字子容詩鄘風

我躬不閱毛傳閱容也魏風蜉蝣掘閱毛傳掘閱容閱也
古容閱聲同毛公訓故多音義相兼則南容即閱明矣閱又
稱适适字說文本作𨓈从辵𠯑聲許君云讀與括同括从
手𠯑聲𠯑从口氒省聲許君云𠯑音厥聲与閱近然則作
容作閱及說作括及适音轉文異實一字也核其稱謂名
縚字容謚敬叔而已後人不曉古音妄疑南宮氏有數名
强分二人此夏蟲不可語冰者也
子使漆雕開仕孔曰弟子漆雕姓開名案史記列傳漆雕
開字子開漢書藝文志儒家漆雕子十二篇孟堅自注孔
子弟子漆雕啓後深寧叟漢志考證云開蓋名啟字子開
史記避景帝諱也釋地三續同潛邱又云一部論語敘事
及門人無直稱其名者惟閱於有若對君之辭憲問恥疑
憲所記南宮适或曰本名縚陳亢前後皆稱子禽茲獨曰

子使漆雕開仕，則開爲其字，復何疑？蓋自安國注論語，開名流俗本家語開字子若者失之。晏案漢書古今人表亦有漆雕啓，僞孔以開爲名，謬甚（釋文作漆彫，皇本唐石經並作彫，邢本从雕，非）。

案隋志有鄭玄論語弟子目錄一卷，惜佚不傳，今略以史記注所引者次於後，庶幾見漢儒之實錄，不似家語之以僞亂真也。史記仲尼弟子列傳閔損字子騫裴注引鄭玄曰孔子弟子目錄云魯人冉雍字仲弓鄭玄曰魯人（邢疏引同集解引馬曰雍弟子仲尼名姓冉）冉求字子有鄭玄曰魯人（邢疏引同集解引馬曰冉有弟子冉求）宰予字子我鄭玄曰魯人（邢疏引同）卜商字子夏鄭玄曰溫國卜商（索隱曰今河南溫縣）原憲字子思鄭玄曰魯人（邢疏引同集解引包曰弟子原憲思字也）高柴字子羔鄭玄曰衛人（邢疏引同）樊須字子遲鄭玄曰齊人（集解引鄭曰樊遲弟子樊須漢魯峻石壁畫像有樊子遲）漆雕開字子開鄭玄曰魯人也（邢疏引同）有若鄭玄曰魯人（邢疏引同）公西赤字子華鄭玄曰魯人（邢疏引同集解引鄭曰赤弟子公西華）巫馬施字子旗鄭玄曰魯人（邢疏引鄭玄曰魯人也）顏幸字子柳鄭玄曰魯人（漢魯峻石壁畫像有顏子柳）公孫龍字子石鄭玄曰楚人冉季字子產鄭玄曰魯人秦祖字子南鄭玄曰秦人壤駟赤字子徒鄭玄曰秦人（漢魯峻畫像有駟子隸釋云恐是壤駟赤）漆雕哆字子斂鄭玄曰魯人（漢魯峻畫像有漆子斂隸續云疑是漆雕哆地皇侯鉦書七作來韓勑任碑書漆作涑漆雕哆字子斂恐此求字是漆之省文）不齊字選鄭玄曰楚人公良孺字子正鄭玄曰陳人賢而有勇（世家云孔子弟子有公良孺者以私車五乘從孔子其為人長賢而有勇）公西蒧字子上鄭玄曰魯人后處字子里鄭玄曰齊人公夏首字乘鄭玄曰魯人公肩定字子中鄭玄曰魯人句井疆鄭玄曰衛人秦商字子丕鄭玄曰楚人顏之僕字叔鄭玄曰魯人縣成字子祺鄭玄曰魯人左人郢字行鄭玄曰魯人秦非字子之鄭玄曰魯人顏噲字子聲鄭玄曰魯人步叔乘字子車

鄭玄曰齊人廣梁字庸鄭玄曰衛人叔仲會字子期鄭玄曰晉人顏何字冉鄭玄曰魯人邦巽字子斂鄭玄曰魯人索隱曰文翁圖作國選蓋亦避漢諱改之劉氏作邦選邦國音圭所見各異又釋文申棖鄭云蓋孔子弟子申續邢疏引同史記列傳曰申黨字周案陸氏釋文邢氏正義引史記俱作申棠今本作黨者字之譌也漢王政碑云有羔羊之絜無申棠之欲正与史公合小司馬索隱謂文翁圖有申堂考漢魯峻碑棠棠忠惠嚴訢碑棠棠容貌古棠与堂通又毛詩鄭風俟我乎堂兮箋云堂當為棖釋玄應大莊嚴經論音義說文棖柱也又作棖古堂棖聲近通用申棠即申棖鄭君作申續說文以賡為續之古文賡与棖亦聲相近也家語弟子解作申續索隱引家語作申繚王伯厚以為申續之誤然家語私定以難鄭未必与康成同也牢鄭曰是弟子子牢也集解引鄭同莊子則陽篇長梧封人問子牢釋文司馬云即琴牢孔子弟子又集解鄭云弟子姓顓孫名師字子張檀弓鄭注引太史公傳曰子張姓顓孫以上所列凡三十九人僅及七十子之半然大旨皆與史記合證以家語高柴齊人原憲宋人漆雕開蔡人叔仲會魯人秦商魯人樊須魯人巫馬施陳人公孫龍衛人已與鄭

牴牾若此夫肅定家語以難鄭不過爭一時之名其意甚鄙然竟使孔門實録彼此溷淆讀書至此未嘗不太息痛恨於子雍也

又案漢儒説經具有師法如鄭所言弟子必非僅得諸傳聞意必有孔氏古文如史公所謂弟子籍者鄭據之以作目録也考漢藝文志論語家有孔子徒人圖法二卷又西漢文翁禮殿圖畫七十二弟子東漢魯峻石壁畫像亦有孔門弟子是知弟子著録古人遠有傳授必非妄作明矣迨子雍家語出而以贋亂真譙周作古史考妄謂公伯寮非弟子與史公馬融不合蓋自魏晉以降師法絶而臆説興此亦經學之一大變也　又史記言偃吴人宓不齊今家語以偃為魯人又作宓不齊最為紕繆索隱正義辨之甚核今録其説於此司馬氏貞曰按偃仕魯為武城宰今

吳郡有言偃冢蓋吳郡人爲是也張氏守節曰顔氏家訓云兖州永郡城舊單父縣地也東有子賤碑世所立乃云濟南伏生即子賤之後是虙之與伏古來通字誤爲宓較可明矣

論語孔注證僞卷下

淮安山陽丁晏箸

上海圖書館藏

說文偁古文論語因及釋文汗簡古文

許叔重說文解字自序云六書一曰古文孔子壁中書也又云其偁論語皆古文也許沖上書云臣父從賈逵受古學然則今說文所載皆古文無可疑者今考說文引論語三十七逸論語二艸部莜艸田器从艸條省聲論語曰以杖荷莜今作蓧釋文蓧本又作莜史記世家裴氏引包注云蓧草器名漢書蕭望之傳顏監注亦云蓧草器也与許君合今集解本包注作竹器誤皇侃本經文作篠尢訛蓧說文从艸訓草器甚確蓧又从條條字說文从木攸聲莜即蓧之省文也尚書瑤琨篠簜說文引作筱簜周伯溫六書正譌云莜芸田器俗作蓧非臾古文蕢象形論語曰有荷臾而過孔氏之門說文貝部賫从貝臾聲臾古文蕢六書正譌云臾古蕢字象取土之器形漢嚴發碑書蕢作賫婁壽碑作賫皆从古文臾荷蕢當从漢書古今人表作何蕢何从艸者後人加也言部諞便巧言也从言扁聲論語曰友諞

佞鄭注便辯也謂佞而辨今文秦誓惟截截善諞言孔疏論猶辯也便巧善為辨佞之言便諞音義同今論語作
便疑涉上便辟而誤當从古文作論公羊傳定四年何休解詁引孔子曰友便佞釋文作辯佞疏云辯佞辯為婚矣
是何注引本作辯辯与論古今字与說文鄭注皆合今本作便真誤字矣訴告也从言斥省聲
論語曰訴子路於季孫或从朔或从愬論語膚受之愬漢書五行志亦引作
訴訴正文愬或體當从古文作訴廾部弈圍棊也从廾亦聲論語曰不有
博弈者乎邢疏亦云圍棊謂之弈義本許君革部鞹去毛皮也論語曰虎
豹之鞹从革郭聲今作鞟案王逸楚辭九數章句引論語虎豹之鞹与說文同淮南子說山訓云
刲牛皮鞟即鞹之省文今毛詩簟第朱鞹鞹鞃淺幭皆作鞹与說文同从享非聲當从郭為正
教也从攴启聲論語曰不憤不啟鄭注必待其人心憤憤口悱悱然後啟發為說
之亦是教義羊部羌字注東夷从大大人也夷俗仁仁者壽有
君子不死之國孔子曰道不行欲之九夷乘桴浮於海有
以也馬注云東方之夷有九種漢書地理志東夷天性柔順異於三方之外故孔子悼道不行設桴於海有以
也後漢書東夷列傳王制云東方曰夷夷者柢也言仁而好生萬物柢地而出故天性柔順易以道御至有君子不

死之國爲夷有九種曰畎夷于夷方夷黃夷白夷赤夷玄夷風夷陽夷故孔子欲居九夷也皆与說文合皂部

既小食也从皂旡聲論語曰不使勝食既惠氏棟曰氣本古餼字餼又与

既通禮記中庸云既稟稱事鄭注既讀爲餼是既与氣同晏案聘禮鄭注古文既爲餼釋玄應五百弟子自說本起

經音義餼古文既同說文米部氣饋客芻米也从米气聲春秋傳曰齊人來氣諸侯或从槩或从餼既即槩之省文

食部餲飯餲也从食曷聲論語曰食饐而餲釋文餲一音遏爾雅釋文

餲一音于曷反与許君曷聲合今人祇讀如烏邁反非聲穴部竂从穴尞聲論語有公

伯竂人部份文質備也从人分聲論語曰文質份份古文

份从彡林林者从焚省聲徐鍇繫傳曰文質相半之貌包咸注同後漢書馮豹傳注引鄭

玄注彬彬雜半貌也份本从分分半也故爲文質半義亦爲兼備也釋玄應陰持入經下卷音義引論語文質份份

相半貌也与說文合又大徐列二十八俗書有斌字云本作彬或份文質備也从文配武過爲鄙淺案漢孫根碑陰

有孫斌初隸釋謂此碑字畫苟且疑爲孫根后裔所爲是也古無斌字當作彬份伉人名从人亢

聲論語有陳伉小徐繫傳云伉高伉壯大之貌故陳伉字子禽案說文健字注伉也大雅皋門有伉

卷下　二一

釋文伉本又作亢亢伉同史記从省作亢衣部袍襺也从衣包聲論語曰衣弊

絺袉今何本作繖釋文作弊皇本同尔足釋言袉禰也秦風与子同袉毛傳用雅訓省作𧜟袉裾也

从衣它聲論語曰朝服袉紳今作拖邢疏云拖加也豸部貈似狐善

睡獸从豸舟聲論語曰狐貈之厚以居釋文云貉依字當作貈汗簡載古論語作貈今尔足釋獸亦作貈皆古文六書正譌云貈別作貉非水部洫十里為成成閒廣

八尺深八尺謂之洫从水血聲論語曰盡力於溝洫包咸注同俱依考工記匠人文木部櫌摩田器从木憂聲論語曰櫌而不輟蔡中郎石經作櫌不輟一切經音義五分律第六卷引論語櫌而不輟皆古文也史記始皇紀徐廣注櫌田器莊子則陽釋文引字林云櫌摩田器也字當从木六書正譌亦云櫌別作櫌非門部闃門榍也从門或

聲論語曰行不履闃古文从闃尔足釋宮柣謂之闃釋文柣郭音于結反小顏匡謬正俗稱郭景純柣音切与榍聲相近集韻榍与柣同說文木部榍限也集韻闃古作闃釋玄應戒因緣經音義闃古文闃同尊婆須蜜所集論音義闃古文闃同許域反女部𡡥過差也从女監聲論語

曰小人窮斯𡡥矣今作濫何注濫溢也糸部純絲也从糸屯聲論語

曰今也純儉繪會五采繡也論語曰繪事後素从糸會聲

考工記先鄭注引論語繢事後素尚書作會鄭注會讀為繪司服鄭注引書作繢古繢繪通結論語曰
結衣長短右袂孫愐韻結私列切与褻音同釋玄應大莊嚴經論第五卷音義褻古文結同正法念
經第三十二卷音義褻古文結今作褻同白部魯鈍詞也从白鮺省聲論語曰
參也魯心部愉薄也論語曰私覿愉愉如也案毛詩山有樞云他人是
愉箋云愉讀曰偷周禮大司徒以俗教民則民不愉釋文愉音偷古偷与愉通說文故引論語文非訓愉愉為薄也
鄭注愉愉顏色和聘禮記私覿愉愉焉鄭注云容貌和敬足部足躩如也从足矍聲包注
足躩盤辟貌米部孛𡗜也从米人色也从子論語曰色孛如也
說文𡗜艸木𡗜字之皃徐鍇曰孛言人色勃然壯盛似艸木之茂也又色部艴色艴如也从
色弗聲論語曰色艴如也徐鍇曰盛氣色也案說文多引經前後不同如引書鳥獸褻毛
亦作[illegible]髦引西伯既𢦟黎亦作戡[illegible]引詩桃之枖枖亦作𡝐引靜女其袾亦作姝蓋兼列諸家異文又誃讀
若論語跢予之足說文足部無跢字周禮樂師趨以采薺鄭注故書趨作跢釋文跢倉注反是古
有跢字說文傳本闕也奡讀若論語曰奡盪舟[illegible]讀若論語鏗爾舍
瑟而作[illegible]讀若論語鑽燧之燧又王部引逸論語曰玉粲

卷下 三一

之璱兮其璪猛也又曰如玉之瑩或疑齋論問玉篇文以上浚長所引皆古文之僅存者證以他籍往往相符非偽孔之辭意淺陋不合於古者比也

又案說文引古文論語頗有與偽孔殊者今併疏於後

言部訒頓也从言刃聲論語曰其言也訒小徐繫傳云多頓蹭也玉篇訒頓也与許君合晏謂頓与鈍同漢書賈誼傳芒刃不頓顏注頓讀曰鈍訓訒曰鈍者猶包咸注訥為遲鈍也汗簡古論語亦作訒偽孔以訒為難失之

讄禱也累功德以求福論語曰讄曰禱爾於上下神祇从言纍省聲案周禮小宗伯鄭注引論語讄曰禱爾於上下神祇鄭君曾見古文故与許合釋名誄累也累列其事而稱之也畢氏沅疏證謂誄當為讄六書正譌云讄別作誄非今偽孔从誄而以為禱篇名非

弓部𢎿帝嚳射官夏少康滅之从弓幵聲論語曰𢎿善射邢叔明正義引賈逵曰羿之先祖世為先王射官故帝嚳賜羿弓矢使司射与許君合賈許所据皆古文故若合符節汗簡古尚書羿作𢎿又說文羽部羿亦古諸侯也一曰射師从羽幵聲今孔注云羿有窮國之君篡夏后相之位其臣寒浞殺之殆与偽作五子之歌者同出一手失

川部侃剛直也从㐰

仰古文信从川取其不舍晝夜論語曰子路侃侃如也孔偽注侃侃和樂之貌非也晏謂侃侃誾誾對文各別若解作和樂則仍与誾誾無殊矣朱子改从許訓是也後漢書袁安傳誾誾衎衎用論語文古衎侃通孫根碑衎謇不撓袁良碑其節衎然並剛直義此可望文而知不煩訓釋也後漢書樊宏孫準傳每讌會則論難衎衎三國志蜀楊戲贊當官任理衎衎辯舉皆當以許君訓章懷注范書爲和樂非也侃从仰說文言部信古文仰从言省字或作侶北史李裔子子雄傳當官正直侶然有不可犯色唐書薛存誠子廷老傳侶侶不干遠謷並剛直之意○文淇案魏書楊皐傳每朝廷會議皐常侃然以天下爲已任凡此許君古義實勝孔注真偽之判烏容假哉

唐陸元朗釋文稱鄭校周之本以齊古讀正凡五十事今載魯論與古讀異者二十二事傳不習乎鄭注云魯讀傳爲專今從古傳本从專聲魯論省作專崔子弒齊君魯讀崔爲高今從古惠氏論語古義云王充論衡曰仕官爲吏亦得高官將相長吏猶吾大夫高子也安能別之蓋用魯論語之言吾未嘗無誨焉魯讀爲悔字今從古誨悔俱从每聲每音近假借五十以學易魯讀易爲亦今從古古易字音如亦廣韻二十二昔易羊益切正唯弟

子不能學也魯讀正為誠今從古古正字亦讀平聲与誠音相近君子坦蕩蕩魯讀坦蕩為坦湯今從古案毛詩宛邱云子之湯兮毛傳云湯蕩也王逸楚辭章句引作蕩漢書地理志蕩陰小顏音湯古湯蕩通冕衣裳者鄭本作弁云魯讀弁為絻今從古鄉黨篇亦然惠氏棟曰大戴禮孔子曰古者絻而前旒所以蔽明也說文冕或作絻从糸李善曰絻古冕字今論語作冕蓋从魯論說文弁作覍与冕字相似晏案管子君臣上篇衣服緷絻注緷絻古袞冕字荀子正名篇乘軒戴絻注絻与冕同史記封禪書長安東北有神氣成五采若人冠絻焉絻冕古今字下如授魯讀下為趨今從古鄉人儺魯讀為獻今從古盧氏文弨曰郊特牲鄉人禓注云禓或為獻或為儺蓋獻儺聲相近故往往異文晏案司尊彝鬱尊獻酌從鄭注獻讀為摩莎之莎郊特牲汁獻說於醆酒鄭注云獻讀當為莎齊語聲之誤也明堂位周獻豆釋文獻素何反獻儺音近故魯讀从獻瓜祭魯讀瓜為必今從古案作瓜是玉藻云瓜祭上環王充論衡祭意篇引雖疏食菜羹瓜祭公羊襄二十九年何休解詁亦引作瓜祭疏謂瓜質薄之物亦必祭其所先魯論作必疑古字形涉而誤君賜生魯讀生為牲今從古說文牲从牛生聲車中不內顧魯讀車中內顧今從古也盧氏文弨曰漢書成紀贊升車正立不內顧師古曰今論語曰

一

車中内顧今論語昉魯論語言今以於古論也文選張平子東京賦夫君人者黈纊塞耳車中内顧薛綜注内顧謂不外視臣下之私也李善注魯論語曰車中内顧漢書文選近人皆據今本論語改之

詠而歸鄭本作饋魯讀饋為歸今從古 古饋歸通詳見前

片言可以折獄者魯讀折為制今從古 案呂刑制以刑墨子尚同中篇作折以刑古折制音同通用祭法瘞埋於泰折釋文又音制左傳襄二十七年司馬置折俎徐邈音制

仍舊貫魯讀仍為仁今從古 惠氏棟曰揚雄將作大匠箴曰或作長府而閔子不仁用魯論也

好行小慧魯讀慧為惠今從古 盧氏文弨曰漢書昌邑王傳清狂不惠注心不慧韓詩外傳五主明者其臣惠顏氏家訓歸心云辨才智惠義並當作慧是慧惠古通今皇本尚作小惠晏案列子湯問篇甚矣女之不惠後漢書孔融傳將不早惠乎陸機弔魏武帝文智惠不能去其惡皆与慧同

謂之躁魯讀躁為傲今從古

古之矜也廉魯讀廉為貶今從古 案廉貶聲相近古通用皐陶謨簡而廉禮記中庸鄭注引作簡而辨玉藻立容辨卑無讇鄭注辨讀為貶是辨貶廉並通

天何言哉魯讀天為夫今從古 左傳成十七年天子令德唐石經天作夫天夫形相近

惡果敢而窒者魯讀窒為室今從古 惠氏棟曰韓勑修孔廟後碑亦以窒為室漢書功臣表有清簡侯窒中同史記作室中徐

廣曰室一作室知室与室通今之從政者殆而魯讀期斯已矣今之從政者殆今從古不知命無以爲君子也魯論無此章今從古案韓詩外傳子曰不知命無以爲君子言天之所生皆有仁義禮智順善之心不知天之所以命生則無仁義禮智順善之心無仁義禮智順善之心謂之小人故曰不知命無以爲君子漢書董仲舒傳亦引不知命亡以爲君子董生韓生俱漢初大儒所據論語已有此章足徵古文之可貴魯論無之非也魯論古論之異僅存此數條特詳錄之比於歸然靈光云爾可使治其賦也梁武帝云魯論作傳又先進篇可謂大臣歟釋文作悳云古文臣字又泰伯篇亂邦不居釋文亦作悳云古臣字此亦古文之僅存者案佩觿云唐天后以悳代臣字余謂陸氏唐初人在武后之前已稱古文作悳武曌之艸剏意亦襲用古文未必盡由杜撰也

宋郭忠恕集古文爲汗簡三卷內載古論語十五甯甯案說文用部甯所願也从用寧省聲俗以葡備案說文用部葡具冉眺大書正論云甯俗作篇非也从用苟省正韻葡

与同僞
□奪案說文奞部奪手持隹失之也从又从奞□詶詳見前□虘案說文虍部虘古文嵩小異
□昆案說文弟部本作罤周人謂兄曰罤从弟从眔隸作昆□郁案隸釋成陽堯廟碑濟陰太守河南偃師孟
存君諱郁後漢書靈帝紀太常河南孟戫為太尉即孟郁也說文有部戫有文章从有戫聲廣韻戫有文章也与戫
同戫郁古今字漢熹平石經从今文作郁□艴蒲沒切□綌□絹並詳見前□惠先子切□綽案
釋文綽本又作繛說文素部繛緩也从素卓聲或省作綽竺篤案說文二部竺厚也从二竹聲古文尚書微子之
命曰篤不忘釋文篤本又作竺尔足釋詁竺厚也邢疏与篤同楚辭天問稷維元子帝何竺之廣韻一屋竺冬毒切
厚也說文訓篤為馬行頓遲隸假借作篤當从竺為正文□廄案說文广部廄馬舍也从广殷聲古文从九作□
与汗簡合釋玄應大智度論第十卷音義戲古文登同玉篇登古文戲□糾案說文𢆶从二幺於虯切与糾音
同斗部別有糾字恕先所據古文不知何本意殘碑摹搨古篆流
傳存什一於千百者歟
宋洪氏适集金石古文為隸釋第十四卷載漢蔡邕石經
論語殘碑九百七十一字與今本多異文併綴而錄之以
為扶微廣異之助意予之與今本意作抑案十月之交云抑此皇父箋云抑之言噫釋

文抑徐音噫辭詩云意也古意抑通子贛今本作貢釋文本亦作贛案樂記子贛見師乙而問焉漢書張禹傳
性与天道自子贛之屬不得聞又尚書顧命爾無以釗冒貢于非幾釋文貢馬本作贛五經文字云貢貢獻贛賜也
經典多通用之說文貝部贛賜也从貝贛省聲古人名字相配故子贛名賜作贛字形之訛亦不行下缺
今本作亦不可行也可謂好學已矣今本作也已乎學上缺今本作而志於學我對
曰毋違今本作無案周書無逸尚書大傳作毋逸論衡引同士昏禮夙夜毋違命鄭注古文毋作無樊
遲今本作遲案說文辵部遲徐行也从辵犀聲或从遅籀文作遲廋哉人焉廋上缺今本下亦有哉
字子贛問下缺今本作子貢問君子書云孝乎惟孝友于兄下缺今本作孝乎釋
文作孝于云一本作孝乎包咸注云孝乎惟孝美大孝之辭潛邱先生曰晉書夏侯湛昆弟誥古人有言孝乎惟孝
友于兄弟潘岳閑居賦序孝乎惟孝友于兄弟張耒淮陽郡黃氏友于泉銘孝乎惟孝友于兄弟張齊賢承真宗命
撰弟子贊曰孝乎惟孝曾子稱焉太平御覽引論語曰孝乎惟孝友于兄弟唐王利貞幽州石浮圖頌曰孝乎惟孝
忠為令德梁元帝劉孝綽墓誌銘曰孝乎惟孝与武陵王書曰友于兄弟淳熙九經本點斷句讀亦以孝乎惟孝為
句王氏鳴盛曰班固白虎通五經篇日本山井鼎引足利本唐李善注邱希範与陳伯之書獨孤及衢州司士參軍
李府君墓誌銘皆用孝乎惟孝之句後開成石經遂定作乎臧氏鏞堂曰皇本經注皆作孝于惟孝疏云于於也初

學記十七人事上引論語孝乎惟孝起予商也今本予下有者字國君為兩君之好今本國作邦苟志於仁矣無惡今本有也字未見好仁惡不仁者今本作我未見好仁者子懷刑今本作刑案說文荆罰辠也从井从刀易曰井法也井亦聲漢武梁祠堂畫像記贊祝誦氏荆罰未施唐扶頌亦書形作形夕死可今本也作矣有三年之愛於□父母今本有乎字君子有惡乎子曰有今本作君子亦有惡乎子曰有惡惡居下而訕上者今本作下流案漢書朱雲傳小臣居下訕上桓寬鹽鐵論大夫曰文學居下而訕上釋玄應四輩經音義引論語惡居下而訕上大愛道比丘尼經音義引論語同皇侃本亦無流字作下流非年卅見惡焉今本作年四十而見惡焉惠氏棟曰古鐘鼎文四十字皆从卅鄭注古文孝經云卅彊而仕晏案廣韻二十六緝卅先立切引說文云數名今直以為四十字何而德之衰也今本作何德之衰莊子人間世載接輿歌何如德之衰也唐開成石經何德之衰也亦有也字古而如字通用往□□可諫也來者猶可追也今本無而也字執車者為誰子今本作執輿無子字按易賁卦舍車而徒鄭本作執輿古車輿通用是是知津矣今本作是也下有曰字若從避世之士哉今本作辟皇本作避說文辵部避回也从辵辟聲辟

卷下　七一

首文假借遊正字古通用櫌不輟今本作櫌而不輟詳見前子路以告子憮然今本作行

以告夫子憮然置其杖而耘今本置作植耘作芸案置見前論語釋文云芸多作耘詩小雅或耘或芓

漢書食貨志引作或芸或耔三公山碑仍作或耘或芓古耘芸通說文耒部本作䅽或作耘从芸禮如之

何其廢之也今本禮作義無也字欲絜其身今本絜作潔案周易說卦傳齊也者言萬物之

絜齊也李資州集解作絜齊本義作潔俗體字也鄭烈碑居無擔石而能屬氷霜之絜絜亦以絜為潔廣韻十六屑潔

清也經典用絜說文有絜無潔水部新附有潔字非也其斯已乎今本作而已矣謂虞仲夷

佚今本作逸案尚書無逸史記魯周公世家作無佚周禮庾人注杜子春云佚當為逸漢書李廣傳士佚樂梅福

傳佚民不舉皆与逸同季氏篇樂佚遊漢書成帝紀師古注引作樂逸遊古佚逸通者距上下俱缺今本作

拒案儀禮少牢饋食禮長皆及狙拒鄭注拒讀為介距之距荀子法行篇欲來者不距楊倞注距与拒同古距拒通

子斿今作游說文㫃旌旗之游㫃蹇之皃从屮曲而下垂㫃相出入也讀若偃古人名㫃字子游游旌旗之流

也从㫃汓聲古游斿通用周禮大宰九貢八曰斿貢後鄭注斿讀如圍游之游漢書禮樂志靈之斿從高斿又斥彰

長田君碑乃始斿學孔彪碑浮斿塵埃之外武榮碑久斿太學皆与游同吾聞諸子今本作夫子人

未有自致也者今本作者也子贛曰今本作貢是其上下俱缺今本作不如是之甚

也贛曰仲尼焉學子贛曰今俱作貢未隧于地今本隧作墜案列子仲尼篇矢
隧地而塵不揚注隧音墜荀子儒效篇至共頭而山隧楚辭九歌矢交隧兮士爭先洪興祖補注曰隧與墜同漢書王
莽傳不隧如髮敘傳幽通賦養峻谷曰勿隧文選作勿墜漢武都太守李翕西狹頌數有顛覆霣隧之害亦以隧為
墜說文本作隊从高隊也適作隧士部新附有墜字俗體書也賢者志其下缺今本志作識案漢書劉歆
傳引賢者志其大者不賢者志其小者師古曰志識也述而篇多見而識之白虎通引識作志漢書溝洫志贊孔子曰
多聞而志之師古曰志亦作識周禮保章氏鄭注志古文識告子贛□贛曰今俱作貢辟諸
宮牆賜之牆下缺今本辟作譬諸作之牆作牆案辟譬通闕古多省作辟穀梁莊廿四年傳迎者行見諸
舍見諸范注諸之也古諸之義同牆字說文嗇部本作牆从嗇爿聲牆假借字漢華岳碑亦作牆與熹平石經同韓
勑後碑又作牆孟郁碑作廧樊毅碑作牆隸體多變異也毋以萬方今作無以萬方有□在
朕躬今本有字下兩罪字貫諸貫之哉今本貫作沽案貫沽二字古皆讀如古周禮犬人貫四人
釋文貫音古沽本从古聲廣韻十姥中收沽貫二字並公戶切沽貫音近字相假借而在於蕭牆之
內盍毛包周無於今本作蕭牆包即包咸為論語章句周即集解所引周氏釋文稱鄭校周之本
是也盍毛未闕宋黃伯思東觀餘論董逌廣川書跋俱載漢石經

斷圭碎壁彌足珍玩倘亦好古者所共寶歟　又案漢碑引用論語頗多異文是時去古未遠古論及齊魯論尚存其所依據或與今字不同山陽太守祝睦後碑鄉黨逡逡朝廷便便慎令劉修碑其於鄉黨遜遜如也今本作恂恂案史記李將軍傳贊悛悛如鄙人漢書李廣傳贊作恂恂古逡恂通用說文遜从辵孫聲尚書五品不遜史記作不馴古遜字与逡恂聲近元儒先生婁壽碑榮且溺之耦耕今本且作沮案釋文且音七餘反与古且音相近濟陰太守孟郁修堯廟碑無為如治今本如作而古而如通用費鳳別碑南容復白珪今作圭詳見前富春丞張君碑如松歲寒而不凋今本作彫釋文云依字當作凋皇侃本作凋古彫凋多通用漢書循吏傳敘民用彫敝晉書李重傳彫弊之迹皆以彫為凋說文彡部彫琢文也从彡周聲仌部凋半傷也从仌周聲彫假借字當从凋為正吉成侯周輔碑所謂摩而不粼涅而不緇者今本作磨而不磷涅而不緇隸釋云涅即涅字緇即緇字案詩衛風如琢如磨釋文云本又作摩張公神碑亦以琢摩為琢磨又詩唐風白石粼粼釋文云粼亦作磷古粼磷通用陳度碑不□命貨殖孔□意則屢中今本意作億隸

續云碑以意為億案嚴訢碑何億掩忽摧藏又譙敏碑昌億遺羅洪景伯釋云漢碑多借意作億此卻借億作意也楚辭天問厥萌在初何所億焉億一作意洪興祖補注云與意音義同古億意通用堵陽長劉子山斷碑綏之斯來動之斯龢今作和案說文龠部龢調也从龠禾聲讀與和同漢書敘傳旼中龢為庶幾兮顏注龢古和字堂邑令費鳳碑有恥且佫今本作格案方言佫至也又佫來也古格佫通用處士嚴發碑鐫堅仰高今本作鑽韻鐫鑽也廣園令趙君碑溫良恭儉今本作恭說文心部恭肅也从心共聲隸作恭平都相蔣君碑遵五迸四今本作尊五美屏四惡案說文遵循也从辵尊聲禮記大學迸諸四夷釋文引皇云迸猶屏也古迸屏通用綏民校尉熊君碑泥而不滓費鳳別碑湼而不滓隸釋云蓋用涅而不緇案史記屈原傳皭然泥而不滓小司馬索隱云泥音涅滓音緇劉勰文心雕龍辨騷作皭然涅而不緇後漢書隗囂傳贊者泥而不滓湼泥同成陽令唐扶頌衎衎誾誾古衎侃通詳見前野客叢書載費氏碑導齊以禮今本導作道釋文道音導皇侃本作導漢書刑法志引導之㠯德導之㠯政董仲舒傳引導之㠯政齊之㠯刑釋玄應妙法連華經第五卷音義引論語導之以政周禮大司樂興道諷誦言語後鄭注道讀曰導說文辵部道古文从導存其梗概亦好古者所不

不廢云

唐宋諸籍引孔注及日本國皇侃義疏山井鼎考文

載孔注與邢本互異

唐韓氏愈李氏翺撰論語筆解二卷（大士案韓氏愈撰論語筆解其間有翺曰者蓋李習之交相辨訂不獨成于韓手然此書標名似宜專歸于韓有錢氏敏求記可證則李氏翺三字擬節去之）

內引孔注四十三條其與今本同者不錄錄其異者就有道而正焉孔曰正謂問事是非（皇本足利本同　邢本作問其是非）五十而知天命孔曰知天命之終始（皇本足利本同　邢本作始終）溫故而知新孔曰溫尋也尋繹故者又知新者可以為師矣（皇邢本俱無孔曰）夫子之言性與天道孔曰性者人之所受以生也天道者元亨日新之道深微故不可得而聞也（皇疏以上為何注　邢本亦無孔曰）如有所立卓爾孔曰不能及夫子之所立（皇邢本俱作其有所立則又卓然不可及）可與適道未可與立可與立未可與權孔曰雖能之

道來必能有所立雖有所立未必能權量輕重（皇本作雖能之道未必能以有所成立也雖能有所立未必能權量其輕重之極也邢本無二也字次句作未必能有所立餘與皇本同俱不稱孔曰）論篤是與章孔曰論篤是口無擇言君子是身無擇行色莊者不惡而嚴（皇邢本俱無孔曰）莫春者孔曰莫春者季春三月（皇本作苞氏曰邢本作包曰）以杖叩其脛孔曰扣擊也（皇邢本俱作叩）吾其為東周乎孔曰興周道於東方故曰東周（皇邢本俱無孔曰）吾蓋匏瓜也哉焉能繫而不食孔曰不得如不食之物繫滯一處（皇邢本俱無孔曰）由也女聞六言六蔽矣乎孔曰六言六蔽者謂下六事仁知信直勇剛也（皇邢本俱無孔曰）殷有三仁焉孔曰三人行異而同稱仁以其憂亂寧民（皇本作馬融曰邢本無孔曰亦不稱馬曰）吾老矣孔曰聖道難行故言老不能用矣（皇邢本作難成俱無孔曰人）以上諸條可備參考惟叩其脛作扣一條實係舊本如此

案文選張景陽七命注引孔安國論語注曰扣擊也釋玄

卷下 〇一

應大方廣佛華嚴經第十八卷音義引論語以杖扣其脛注云扣擊也大智度論第四卷音義引論語以杖扣其脛孔安國曰扣擊也足徵唐時古本俱作扣也

宋蔡氏節輯論語集說十三卷所採孔注有與今集解本異者畧紀於後誨女知之乎孔曰誨猶教也皇邢本無能以禮讓為國乎何有孔曰言不難也皇邢本無孔曰如禮何孔曰言不能用禮也皇本作苞氏曰邢本亦作包曰子使漆雕開仕孔曰漆雕姓開名子若其字也仕仕於朝也皇本孔安國曰漆雕姓也開名也仕進之道未能信者未能究習也邢本孔曰作漆雕無三也字餘與皇同不可隱也孔曰隱隱入於井皇邢本無惡訐以為直者孔曰發人之私曰訐皇本苞氏曰訐謂攻發人之陰私也邢本作包曰同無也字棨孔以誨女為教吾未嘗無誨焉孔亦以為教誨與此注正合今本傳寫脫耳又以漆雕開字子若史記弟子傳云字子開惟家語弟子解云字子若此注與家

語合又王肅僞撰之一證也

業孔注見於他書所引者亦微有異同令併錄以參攷毛詩江漢正義引孔安國論語注敏行之疾也敏而好學皇本孔安國曰敏識之疾也邢本同孟子滕文公章指下疏引論語孔安國傳云陽貨欲使孔子往謝故遺孔子豚陽貨陽虎也名虎字貨也為季氏家臣而專魯國之政欲見孔子將使之仕也豚豕之小者陽貨章皇本孔安國曰陽貨陽虎也季氏家臣而專魯國之政欲見孔子使仕也又曰欲使孔子往謝故遺孔子豚也邢本同史記孔子世家裴注引孔安國曰魚敗曰餧也鄉黨魚餧下邢本注魚敗曰餧無孔曰皇本孔安國曰魚敗曰餒也山井鼎考文云此注作孔安國曰足利本同餧下有也字仲尼弟子列傳裴注引孔安國曰南容魯人不廢言見用皇本王肅曰南容魯人也不廢言見任用也邢本王曰作言見用無也字与皇同文選王仲宣登樓賦李善注引論語小人懷土孔安國曰懷思也皇邢本孔曰懷安也陸士衡文賦注引論語孔安國注彬彬文質相

卷下　二一

半之貌皇本此注作苞氏曰邢本亦作包曰嵇叔夜與山巨源絶交書注引孔安國論語注簡畧也居敬而行簡孔曰居身敬肅臨下寛畧選注所引疑是此文注又永明十一年策秀才文引孔安國尚書傳簡畧也或論語注乃尚書傳之訛李善偶誤記耳釋玄應一切經音義大智度論五十三卷引論語鑽燧改火孔安國曰一年之中鑽燧各異木也邢本無此注惟馬曰一年之中鑽火各異木孔安國疑是馬融之訛又妙法蓮華經第五卷音義引導之以政孔曰政謂法教也四華經音義引惡居下而訕上孔曰訕謗毀也雜寶藏經第二卷音義引鞠躬如也孔曰斂身也今集解本注俱無也字皇本皆有之疑邢叔明作正義多刪也字邱光庭兼明書引孔注敬天之怒迅雷風烈必變皇邢本俱有此注作鄭曰案孔注南容不廢與王注如出一手亦可見事之僞者無往而不見其僞也

又案近世所出皇侃論語義疏山井鼎論語考文皆日本國書與邢本多異有子曰注孔子弟子有若皇本孔子作孔安國曰高麗本集解同考文云今本作孔子曰孔曰之誤子謂韶盡美矣又盡善也孔曰韶

舜樂名謂以聖德受禪故盡善〔皇本作孔安國曰物觀考文補遺云足利本無孔曰〕字德不孤必有鄰注方以類聚同志相求故必有鄰是以〔皇本〕不孤也〔皇本亦無孔曰考文云本作孔安國曰〕事君數注數謂速數之數〔皇本作孔安國曰考文云此注作孔安國曰韓李筆解作包曰〕宰予晝寢孔曰宰予弟子宰我也〔皇本作苞氏曰考文云曰作包氏曰足利本同〕孔焉得仁注但聞其忠事未知其仁也〔皇本作孔安國曰考文云此注作孔安國曰足利本同〕可也爾孔曰以其能爾故曰可也〔皇本無孔安國曰考文云此注無孔曰足利本同〕女為君子儒章孔曰君子為儒將以明道小人為儒則矜其名〔皇本作馬融曰考文云此注作馬融曰足利本無孔曰直作君子云云〕誰能出不由戶章孔曰言人立身成功當由道譬由出入要當從戶〔皇本亦作孔安國曰考文云令本足利本此注無孔曰〕君子可逝也孔曰逝往也言君子可使往視之耳不肯自投從之〔皇本作苞氏曰又作自投救之也考文云此注作包氏曰足利本同〕用之則行章注孔子言可行則行可止則止唯我與顏淵同〔皇本作孔〕

安國曰無孔子二字宋有耳字山井鼎正誤云子當作曰古本孔安國曰夫子為衛君章鄭曰
為猶助也衛君者謂輒也衛靈公逐太子蒯聵公薨而立
孫輒後晉趙鞅納蒯聵於戚城衛石曼姑帥師圍之故問
其意助輒否乎皇本亦作鄭玄曰考文云足利本此注作孔安國曰子不語怪力亂
神王曰怪怪異也力謂若奡盪舟烏獲舉千鈞之屬亂謂
臣弒君子弒父神謂鬼神之事或無益於教化或所不忍
言皇本亦作王肅曰考文云足利本此注作孔安國曰高麗本集解亦作孔注成於樂包曰樂
所以成性皇本作孔安國曰考文云此注作孔安國曰足利本同人而不仁疾之已
甚亂也包曰疾惡太甚亦使其為亂皇本作孔安國曰考文云此注作孔安國曰
足利本同賓不領矣鄭曰復命白君君已去也皇本作孔安國曰考文云此注
作孔安國曰足利本同先進於禮樂章孔曰先進後進謂仕先後輩
也禮樂因世損益後進與禮樂俱得時之中斯君子矣先
進有古風斯野人也皇本無孔安國曰考文云此注直作先進足利本同一本作孔安國曰

子張問崇德辨惑孔曰辨別也（皇本作苞氏曰考文云此注作苞氏曰足利本同）禮樂不興孔曰禮以安上樂以移風二者不行則有濫罰（皇本作苞氏曰考文云此注作苞氏曰）子服景伯以告孔曰魯大夫子服何忌也告告孔子（皇本作馬融曰考文云此注作馬融曰足利本同）辭達而已矣孔曰凡事莫過於實辭達則足矣不煩文艷之辭（皇本亦作孔安國曰足利本此注直作凡事）政逮於大夫四世矣孔曰文子武子悼子平子（皇本作鄭玄曰考文云此注作鄭玄曰足利本同）君子不入也孔曰不入其國（皇本亦作孔安國曰考文云足利本此注直作不入其國）天下有道某不與易也注言凡天下有道者某皆不與易也己大而人小故也（皇本作孔安國曰考文云此注作孔安國曰足利本同）大師摯適齊亞飯干適楚孔曰亞次也次飯樂師也摯干皆名（皇本亦作孔安國曰考文云孔曰作包曰）一瓢飲皇本孔安國曰瓢瓠也邢本無（考文云簞笥也下有瓢瓠也三字高麗本集解同）羔裘玄冠不以弔皇本孔安國曰故不相弔也邢本無（考文云吉）

卷下　三一

出異服下有故不相悖也五字足利本同又高麗本集解予有亂臣十人孔曰亂理也理官者十人邢本作馬曰理作治皇本亦作馬融曰亂理理官与高麗本同足利本亦作理疑唐時古本避諱改治作理其他字句小異尚影皇本古注多有也字邢本或無茲不具錄云

又案未知焉得仁皇本稱孔曰未知其仁釋文未知鄭音智論衡問孔篇未知焉得仁子文曾舉楚子玉代己位而伐宋以百乘敗而喪其衆不智如此安得爲仁漢書古今人表云未知焉得仁師古曰言智者雖能利物猶不及仁者所濟遠也皇侃疏引李充曰子玉之敗子文之舉舉以敗舉不可謂智也賊夫人之子不可謂仁又下章陳文子李充注云違亂求治不汙其身清矣而所之無可驟稱其亂不如甯子之能愚蘧生之可卷未可謂智也潔身而不濟世未可謂仁也皆讀未知爲未智與鄭君合孔讀如本

字非也

論語尚書孔注俱王肅僞撰論語注行於當時書傳至東晉始盛行

案王肅注尚書今已不傳其散見於正義及他書所引者以校孔傳一一皆合其為肅所僞撰無疑矣今具錄之堯典若稽古帝堯孔傳能順考古道而行之魏志四引王肅注堯順考古道而行之與鄭注稽古同天異日中星鳥孔傳春分之昬鳥星畢見正義王肅亦以星鳥之屬為昬中之星鄭以星鳥為鶉火之方平在朔易王曰改易詩曰為改歲孔傳易謂歲改易朞三百有六旬有六日孔傳匝四時曰朞正義王肅云朞四時是也師錫正義引王肅云衆擧側陋孔傳師衆慎徽五典釋文引王云徽美也孔傳同臯陶謨彰厥有常吉哉孔傳彰明吉善也正義王肅云明

其有常則善也思曰贊贊襄哉孔傳未能思致於善徒亦贊奏上古行事而言之正義王肅云贊贊猶贊奏也鄭注贊明也益稷懋遷有無化居孔傳化易也居謂所宜居積者正義王肅云易居者不得空去當滿而來當滿而去鄉成五服至于五千正義引王肅云五千里者直方之數傳四方相距為方五千里鄭注萬里不同禹貢冀州既載孔傳先施貢賦役載於書正義王肅云言已賦功屬役載於書籍鄭注載之言事事謂作徒役厥田惟中中孔傳田之高下肥瘠正義王肅云言其土地各有肥瘠厥貢惟土五色孔傳王者封五色土為社建諸侯則各割其方色土與之使立社黄取王者覆四方宋書引王肅注王者取五色土為大社封四方各割其方色王者覆四方也淮夷蠙珠暨魚孔傳淮夷二水釋文引孔傳作淮夷之水正義王肅

亦以淮夷為水名厥包橘柚錫貢孔傳錫命乃貢正義王肅云錫其命而後貢之厥貢惟金三品孔傳金銀銅也禮記疏詩疏引王肅注金銀銅也鄭注銅三色包匭菁茅孔傳橘柚正義王肅云揚州厥包橘柚從省而可知也鄭以菁茅縮酒包裹厥土青黎孔傳色青黑而沃壤正義王肅云青黑色又東至于澧孔傳澧水名史記夏本紀作醴注引王肅曰醴水名書序伊尹作咸有一德孔傳言君臣皆有純一之德史記注引王肅曰言君臣皆有一德盤庚惟涉河以民遷孔傳為此南渡河之法用民徙正義王肅云為此思南渡河之事汝萬民乃不生生孔傳不進進謀同心徙正義以生生為進進王肅亦然懋建大命孔傳勉立大教正義王肅云勉立大教高宗肜日典祀無豐于昵孔傳不當特豐於近廟正義王肅亦云高宗豐于禰西伯戡黎

正義引王肅云西伯戡而勝之傳戡亦勝也微子孔傳微圻內國名子爵正義王肅云微國名子爵家語本姓解亦云微子圻內諸侯微國名子爵卿士師師非度孔傳六卿典士相師效非法度正義王肅云卿士以下轉相師效為非法度之事也牧誓千夫長百夫長孔傳師帥卒帥正義王肅云師長卒長意與孔同鄭云師帥旅帥洪範惟天陰隲下民孔傳隲定也天不言而默定下民正義王肅以陰隲下民一句為天事言天深定下民我不知其彝倫攸敘孔傳言我不知天所以定民之常道理次敘問何由正義王肅注云我不知常道倫理所以次敘是問承天順民何所由土爰稼穡孔傳種曰稼斂曰穡史記注引王肅曰種之曰稼斂之曰穡家語在厄篇王肅注種之為稼斂之穡思曰睿孔傳必通於微正義王肅云睿通也思慮苦其不

深故必深思遠於微也使羞其行而邦其昌孔傳使進其所行汝國其昌盛史記注引王肅曰使進其行任之以政則國爲之昌三曰柔克孔曰和柔能治三者皆德正義王肅意與孔同是訓是行以近天子之光孔傳中心之所陳言凡順是行之則可以近益天子之光明史記注引王肅曰民納言於上而得中者則順而行之近猶益也順行民言所以益天子之光天子作民父母以爲天下王孔傳爲兆民之父母是爲天下所歸往史記注引王肅曰所以爲民父母而爲天下所歸往曰克孔傳兆相交錯正義引王肅云蓋兆爲二拆其拆相交也七曰賓正義引王肅曰賓掌賓客之官傳賓禮賓客無不敬鄭注賓掌諸侯朝覲之官日月之行則有冬有夏正義引王肅曰日月行有常度君臣禮有常法傳日月之行冬夏各有常度君臣政治大

小各有常法旅獒為山九仞孔傳八尺曰仞正義王肅聖證論及注家語皆云八尺曰仞鄭云七尺曰仞金縢既克商二年正義引王肅曰克殷明年傳曰伐紂明年啟籥見書孔傳開籥見占兆書正義王肅亦云籥開藏占兆書管也大誥王若曰孔傳周公稱成王命禮記疏引王肅注稱成王命故稱王康誥孔傳以三監之民國康叔為衛侯康圻內國名詩疏引王肅注康國名在千里之畿內既滅管蔡更封為衛侯大誥殷小腆誕敢紀其敘孔傳言殷後小腆腆之祿父大敢紀其王業欲復之正義王肅云腆主也鄭云腆小國也殷小主謂祿父也大敢經紀王業望復之也天降威知我國有疵孔傳天下威謂三叔流言故祿父知我周國有疵病正義王肅云天降威者謂三叔流言當誅伐之又云知我國有疵病之瑕惟大艱人孔傳惟大為

難之人謂管蔡也率寧人有指疆土矧令卜并吉孔傳循文王有所指意以安疆土則善矣況令卜并吉乎言不可不從正義王肅云順文王安人之道有指意盡天下疆土使皆得其所不必須卜筮也況今卜三龜皆吉明不可不從也洛誥朕復子明辟孔傳子成王年二十成人正義王肅於金縢篇末云武王崩時成王年已十三年矣周公攝政七年成王適滿二十孔於此言成王年二十則其義如王肅也又家語云武王崩時成王年十三是孔之所據也詩疏亦引王肅注云武王崩時成王已十三周公攝政七年致政成王年二十王賓殺禋咸格王入太室祼孔傳王賓異周公太室清廟正義引王肅曰成王尊周公不敢臣之以為賓太室清廟中央之室多士予大降爾四國民命孔傳民命謂君也大下汝民命謂誅四國君正義王肅云

君為民命為君不能順民意故誅之也無逸其在祖甲孔傳湯孫太甲史記注引王肅曰湯孫太甲書正義曰王肅亦以祖甲為太甲鄭曰祖甲武丁子帝甲也多方代夏作民主孔傳大代夏政為天下民主正義王肅云以大道代夏為民主立政古之人廸惟有夏孔傳古之人道惟有夏禹之時正義王肅云古之人道惟有夏之大禹為天子也任人準夫牧孔傳常任準人及牧正義王肅云任人常任也準夫準人也牧者諸侯之長也與孔意同三亳孔傳亳人之歸文王者三所正義王所說與孔同則克宅之克由繹之茲乃俾乂孔傳能居之於心能用陳之此乃使天下治正義王肅云則能居之在位能用陳其才力如此故能使天下治也君奭率惟茲有陳保乂有殷孔傳循惟此道有陳列之功以安治有殷史記注引王肅曰循此數臣有陳列

之功安治有殷也顧命敷重豐席孔傳豐莞正義王肅亦云豐席莞鄭云豐席刮凍竹席大訓孔傳大訓虞書典謨正義王肅亦以為然河圖孔傳河圖八卦正義王肅亦云河圖八卦也鄭云河圖〻出于河水帝王聖者所受三咤正義引王曰咤奠爵傳三奠爵鄭曰却行曰咤率循大卞孔傳循大法正義以大卞為大法王肅亦同也誕受羑若孔傳言文武大受天命而順之能憂我西土之民本其所起正義王肅云羑道也文王所憂非憂西土而已特言能憂西土之民本其初起於西土故也無壞我高祖寡命孔傳無壞我高德之祖寡有之教命正義王肅云美文王少有及之故曰寡有也呂刑何度非及孔傳當何所度非惟世及輕重所宜乎正義王肅云度世輕重所宜也費誓敿乃干孔傳施汝楯紛正義王肅云敿楯當有紛繫持之杜

乃獲斂乃穽孔傳獲捕獸機檻穽穿地陷獸正義王肅云獲所以捕禽獸機檻之屬穽穿地為之所以陷墮之魯人三郊三遂孔傳言三郊三遂明東郊距守不峙史記注引王肅曰不言四者東郊留守故言三也秦誓日月逾邁若弗云來孔傳欲改過自新如日月並行過如不復云來雖欲改悔恐死及之無所益正義王肅云日月逾往若不云來將不復見日月雖欲改過無所及益其心休休焉孔傳其心休休然樂善王肅云休休好善之貌鄭云休休寬容貌夫肅注與孔傳同者如此其衆余之定書傳為肅撰豈不諒哉後有作者不易吾言矣文淇案余之定書傳至不易吾言矣擬改為則書傳為肅偽撰也審矣此條攷證詳核自為不易之論然著書須心氣和平不可如毛西河叫囂之習也

又案劉知幾史通外篇云梅賾始以孔傳奏上而缺舜典一篇乃取肅之堯典從慎徽以下分為舜典以續之齊建

武中吳興人姚方興采馬王之注以造孔傳舜典云於大航頭得詣闕以獻舉朝集議咸以為非陸氏經典序錄云枚賾奏上孔傳古文尚書亡舜典一篇購不能得乃取王肅注堯典從昚徽五典以下分為舜典篇以續之孔仲達正義云昔東晉之初豫章內史梅賾上孔氏傳猶闕舜典自此乃命以位已上二十八字世所不傳多用王范之注補之據此則舜典一篇全為王肅注唐人固明知之矣既知為王肅注而書疏且屢稱曰孔傳掩耳竊鐘則惑之甚者也

又案舜典釋文所引王肅注以校孔傳皆合慎徽五典傳徽美也王云徽美乃言底可績傳底致王云底致也惟時懋哉傳懋勉王云懋勉也黎民阻飢傳阻難也王云難也羣后四朝傳各會朝於方岳之下王云四面朝於方岳之

下文祖傳堯文德之祖廟王云文祖廟名三苗傳國名王云國名也至若大麓六宗孔王悉同又其顯然者矣又三帛孔傳三帛諸侯世子執纁公之孤執玄附庸之君執黃正義曰王肅云三帛玄纁黃也孤執玄諸侯之適子執纁附庸執黃月正元日孔傳月正正月元日上日也正義曰王肅云月正元日猶言正月上日變文耳陸元朗謂舜典一篇仍用王肅本信矣

或問子以古文書傳并為王肅所依托然古文孔傳至東晉元帝時始出肅以魏甘露元年薨迄東晉建武元年肅卒已六十二年豈得謂古文書傳為肅所依托乎文淇案蜀志許靖傳注王朗與靖書云過聞受終于文祖之言于尚書又聞歷數在躬允執其中之文於論語朗時偽古文猶未作也偽古文為王肅所作以人證子深可發噱余曰晚出古文雖梅賾奏上然非梅氏所剏造也孔氏正義引晉書云唐太宗御撰晉書無此文當是王隱臧榮

緒書等晉太保公鄭沖以古文授扶風蘇愉愉字休預預授天水梁柳字洪季即謐之外弟也季授城陽臧曹字彥始始授郡守汝南梅賾字仲真又為豫章內史遂於前晉奏上其書而施行焉又引晉書皇甫謐傳云（唐御撰晉書亦無此文）姑子外弟梁柳邊得古文尚書故作帝王世紀往往載孔傳五十八篇之書孔穎達正義序云晉世皇甫謐獨得其書載於帝紀其後傳授乃可詳焉湯誓序正義引皇甫謐云伊訓曰造攻自鳴條朕哉自亳湯誥曰王歸自克夏泰誓正義皇甫謐作帝王世紀云紂剖比干妻以視其胎即引此為剖剔孕婦也謐引偽古文如此則晉書謂謐傳古文者信也唐御撰晉書禮志盧欽魏舒等議引高宗諒闇三年不言其傳曰諒信也闇默也今說命亮陰傳陰默也無逸諒陰傳乃有信默然則欽等所引之傳即偽孔傳文也

(文淇案禮志所引明云周公旦稱高宗諒闇是據無逸非說命也亦當將周公旦稱四字添入)是議在西晉之初泰始十年下至東晉元帝元年先四十有四年而孔傳已行於時如此則晉書謂晉初鄭沖傳古文者亦信也又唐御撰晉書鄭沖傳沖與孫邕曹羲荀顗何晏共集論語諸家訓注之善者記其姓名因從其義有不安者輒改易之名曰論語集解成奏之魏朝於今傳焉因悟唐孔氏引晉書止言古文始自鄭沖不言沖授自何人蓋沖與何氏等共集論語注其時王肅為太常何晏為尚書沖為光祿大夫(沖後入晉仕至太保封壽光侯泰始十年薨追贈太傅謚曰成)同仕魏朝沖傳古文必肅所授無疑也且晚出古文皆綴集逸書而成非王肅之雅材博學未易構此傳自梅氏始奏上於朝耳潛邱每謂梅賾作偽猶未免於寃乎　又案梅氏鷟朱氏彝尊俱謂鄭沖皇甫謐實未見古文非也晏與謐與沖雖儕

古文其時尚未奏於朝故沖撰集解謚撰世紀不盡依用非不見晚出古文也且帝王世紀固明引古文尚書矣案通典卷五十三吉禮十三太學引太常荀崧上書曰昔武皇帝崇儒術以賈馬鄭杜服孔王何之徒章句傳注衆家之學置博士十九人二十州之中師徒相傳學士如林猶選張華劉寔居太常之官以重儒教案杜即杜預孔即孔安國書傳王即王肅何即何晏據此則西晉初年僞孔書傳已與王肅經注同置博士可證孔傳之出不始於東晉元帝時矣或曰荀崧所謂武皇帝安知非東晉孝武帝余曰崧既明云張華等華正晉初武帝時臣然則古文孔傳實出於王肅時迨西晉初年已置博士故鄭沖傳之杜預引之皆可以實證而知也　又續漢書祭祀志劉昭注稱晉武帝初司馬紹統表駮之曰安國案祭法爲宗而除

其天地於上遺其四方於下以為六宗四時寒暑日月衆星并水旱所宗者八非但六也此亦西晉初引僞書傳之確證　又通典八十總論喪期云博士段暢重申杜元凱議云尚書毋逸云高宗亮陰三年不言諸儒皆云亮陰默也唯鄭玄獨以諒闇為凶廬又通典卷八十二云杜亦不自解説退使博士段暢採典籍為證據此則段暢之議實元凱嫌使為之其引諸儒云者即指僞孔傳文也特其時尚未通行故或渾稱傳或稱諸儒不指名稱孔氏然可證書傳之出始於西晉之初其改諒闇作亮陰亦以僞古文書也　又通典四十七天子宗廟引虞喜曰七廟不始於周伊尹已言七代之廟也亦晉人引僞古文者不獨郭璞爾雅注引用古文書也杜君卿避唐諱又改七世為七代」

古文太甲中惟元祀十有二月朔傳湯以元年十一月崩

至此二十六月三年服闋正義曰士虞禮中月而禫王肅云祥月之内又禫祭服彌寬而變彌數也此孔傳與王肅同鄭玄以中月為閒一月云祥後復更有一月而禫則三年之喪凡二十七月與孔為異案康成之說本戴德喪服變除非鄭氏之肊說也故二十七月之制至今用之王肅忍於短喪剏為二十五月而偽孔傳與之同其為一手所造明矣

或疑肅偽撰書傳等書託之漢孔氏以兩漢諸大儒所未見而突然出於魏晉閒當時何無一人議之而翕然信從之乎余曰此殆有故矣考今晉書文明王皇后諱元姬東海郯人也父肅魏中領軍蘭陵侯既笄歸於文帝生武帝是以左傳桓五年孔疏云王肅作聖證論言郊則圜丘圜丘即郊天體惟一安得有六天也晉武帝王肅之外孫也

泰始之初定南北郊祭一地一天用王肅之義杜君身處
晉朝共遵王說沖遽此言是也考晉書禮志太康初摯虞
奏喪制鄭王各有異同可依準王景侯（魏志王肅傳謚曰景侯）所撰
喪服變除有詔可其議泰始二年有司奏置七廟其禮則
據王肅說也然則肅說之行特如馬融之外戚豪家非必
巍然師表諸儒心服而尊之也且古文傳自鄭沖沖仕晉
武帝時備極寵遇武帝親為肅外孫沖即心知其偽又安敢
發姦摘伏起而議作偽之孚雅耶且肅生三子恂虞愷見
外戚傳恂虞爵為通侯愷尤暴橫至欲坑劉輿兄弟（見石崇傳）
當時即欲申明其偽又孰能大聲疾呼攖椒房之奇禍耶
其或有大儒卓見發憤著書藏之私家者迨永嘉之亂京
華覆滅為書之四厄（本隋書牛宏傳）亦散亡而莫可考此肅之所
以得售其偽也直至隋唐以來諸儒始漸有疑之者一陸

德明一孔穎達一劉知幾經典序錄云王肅亦注今文而解大與古文相類或肅私見孔傳而祕之乎尚書正義曰至晉世當作魏世王肅注書始似竊見孔傳故注亂其紀綱為夏太康時舜典三帛疏云王肅之注尚書其言多同孔傳左傳哀六年引夏書惟彼陶唐云云正義曰賈服孫杜皆不見古文以為逸書解為夏桀之時唯王肅云太康時案王肅注尚書其言多是孔傳疑肅見古文匿之而不言也史通外篇古今正史第二云王肅亦注今文尚書而大與古文孔傳相類或肅私見其本而獨祕之乎考釋文有尚書王肅注十卷新舊唐書志俱有王肅尚書注十卷是肅書唐時猶存諸儒親見肅注而疑其悉與孔傳合可謂發露真贓者矣然諸儒祇疑肅之竊見古文而不知肅之私造古文雖疑而不能明其偽此王充所謂信之入骨不可自解

者也近惠氏棟箸古文尚書攷始疑僞書作俑於王肅其說曰哀六年夏書曰惟彼陶唐帥彼天常有此冀方今失其行亂其紀綱乃滅而亡正義曰賈逵以爲逸書解爲夏桀之時賈傳古文而言如此則梅賾之誕可知皇甫謐帝王世紀云案經傳曰夏與堯舜同在河北冀州之域不在河南也故五子歌曰惟彼陶唐有此冀方今失厥道亂其紀綱乃底滅亡言自禹至太康與唐虞不易都城也案晉書謂謐之外弟天水梁柳得古文謐當見之故五子歌湯誥諸篇閒載帝王世紀中王肅注家語亦以今失厥道當夏太康故棟嘗疑後出古文肅所撰也又曰七廟之制始於晚周周公制禮以前未之有也喪服小記云王者禘其祖之所自出以其祖配之而立四廟鄭注高祖以下與始祖而五漢永始四年詔議毀廟事丞相韋元成等四十四

人皆主小記之說蓋周公制禮時文武尚在四廟之中穆共以上二廟當毀以其爲受命之主而不毀穀梁王制祭法並云七廟荀卿劉歆班彪父子王肅孔晁虞喜干寶之徒咸以爲然穀梁王制祭法禮器皆晚周之書荀卿法後王又穀梁之後故主七廟劉歆剏三宗不毀之說班氏父子從而和之王肅又從其說以駁鄭於是造僞古文者改呂氏春秋所引商書五世之廟爲七世孔晁虞喜干寶又皆在僞古文已出之後故亦宗七廟之說棟謂王肅主七廟以駁鄭氏故嘗疑僞尚書王肅僞也晏案惠氏論極確核可爲助我張目者然寥寥二條惜不博稽以證其說又篇首言梅賾采摭傳記作爲古文以紿後世不直言王肅是惠見猶爲兩歧也且又不知論語孔注俱一手所僞托則推闡是旨不能無待於後人矣案家語正論解引夏書惟彼陶唐云云王肅注亦謂

夏桀與注左異惠氏引誤呂覽引商書五世之廟見有始覽諭大篇又案陸元朗序錄云江左中興元帝時豫章內史枚賾奏上孔傳古文尚書左傳昭三十一年孔疏亦云江東晉元帝時其豫章內史梅賾始獻孔安國所注古文尚書劉子玄史通外篇云晉元帝時豫章內史梅賾始以孔傳奏上唐御撰晉書未載此事惟荀崧傳云元帝踐阼置古文尚書孔氏博士一人崧上疏又請置儀禮公羊穀梁鄭易博士詔曰穀梁膚淺不足置博士餘如奏考元帝紀太興四年三月置周易儀禮公羊博士古文孔氏置博士正在此時文淇案此據元帝紀謂古文孔氏置博士在此時後條據通典謂西晉武帝已立博士當攷梅氏即以元帝建武元年奏上書傳是甫上書五年即立學矣夫漢世欲立左氏博士劉歆賈逵尚且多費辭說何以孔氏古文一出竟無一人疑之阻之而即為置博士豈非作偽者

餘燄未熄而有以炫惑當世乎余嘗以王肅之古文比於王安石之新經皆其權勢矯矯橫力能行於當代然新經世知為介甫作故久之輒罷古文世不知為子雍作故傳之至今譬小人之作奸犯科有發有不發然或獲免於一時反見誅於後世倘所謂天網恢恢疏而不漏者歟大壯案以王肅古文比安石新經五行餘字皆宜刪○寶楠案譬小人以下當刪其語太狠

宋董氏逌著廣川書跋其跋石經尚書云王肅解書志是孔傳使知魏去漢世未遠肅得其文不然不應文盡同也晉內史梅賾分舜典而當時猶疑知古經已廢於漢魏不爾肅得自私使世疑耶余觀董氏此語則王肅之同偽孔昭然可見益信書傳即係肅作故其語多雷同也

或問王肅注尚書亦祇今文至東晉古文肅實未嘗有注何由知古文孔傳亦為王肅依托乎余曰請以一事明之

古文太甲云惟元祀十有二月朔僞孔傳云湯以元年十一月崩至此二十六月三年服闋正義曰案士虞禮朞而小祥又朞而大祥中月而禫王肅云祥月之内又禫祭服彌寛而變彌數也禮記檀弓云祥而縞是月禫徙月樂王肅云是祥之月而禫禫之明月可以樂矣案此孔傳云二十六月服闋則與王肅同鄭玄以中月爲閒一月云祥後復有一月而禫則三年之喪凡二十七月與孔爲異案鄭據服問中月而禫之文又檀弓孟獻子禫孔疏云戴德喪服變除禮二十五月大祥二十七月而禫故鄭依而用焉是鄭說既本於經又遠宗大戴視王肅爲有徵矣又古文旅獒孔傳云七尺曰仞古文咸有一德孔傳云天子立七廟皆同王肅說與包咸鄭玄言七尺曰仞及禮記鄭注言五廟者不同此非古文孔傳倂爲肅撰之明徵乎潛邱每謂僞孔竊王非王竊孔不知古文肇於魏代實出於王肅時疏證謂孔傳出於魏晉

閒後於王肅猶未免考之不精也　又案唐會要劉子玄云王肅孝經傳首有司馬宣王之奏奉詔令諸儒注述孝經以肅說為長又通典八十總論喪期云晉初用王肅議祥禫共月遂以為制江左以來唯晉朝施用搢紳之士猶多遵鄭義據此則肅說之盛行魏晉閒彰彰明矣

陸氏經典序錄言枚賾始從堯典眘徽五典以下分為舜典余竊以為不然考舜典孔疏引王肅云堯得舜任之事無不統自慎徽五典以下是也觀此注之意則從慎徽以下分篇殆即子雍之妄作也又連叢子孔臧與侍中從弟安國書曰堯典說者以為堯舜同道弟常以為雜有舜典今果如所論以偽扶偽尤為明證又益稷篇首王肅注云帝在上皋陶陳謨於下已備矣疑割皋陶謨為益稷亦子雍所為余嘗謂事有更千百年而後人猶能摘發隱慝灼

然難進者要在學者冥心求之耳　又案今之舜典乃割堯典爲之古文别有舜典逸篇今之益稷乃割皋陶謨爲之古文别有棄稷逸篇潛邱先生疏證曰蔡邕獨斷云漢明帝詔有司採尚書皋陶篇制冕旒今其制正在益稷内邕距魏晉間不甚遠古文孔書未出二篇猶合爲一如此至光武時張純奏宜遵唐堯之典二月東巡守章帝時陳寵言唐堯著典眚災肆赦舜典合於堯又無庸論晉武帝初幽州秀才張髦上疏引肆類于上帝至格于藝祖用特亦不曰舜典曰堯典又漢王莽列傳兩引十有二州皆云堯典此與孟子以二十有八載四句爲堯典正同文淇案晉書禮志太康初摯虞表曰按尚書堯典祀山川之禮惟于東嶽備陳牲幣之數陳所用之儀其餘則但曰如初亦不曰舜典也又注困學紀聞云說文引五品不遜亦曰唐書其時舜典合於堯典内晏案史記本紀堯妻之二女觀其德於二

女舜飾下二女於嬀汭如婦禮堯善之乃使舜慎和五〻典〻能從文勢一氣直下史公親從安國問古文未嘗分堯典為舜典也經典序錄云孔傳堯典止於帝曰往欽哉而馬鄭王之本同為堯典又堯典正義云鄭王皆以舜典合於此篇馬鄭傳漆書古文及安國衛賈之業亦未嘗分堯典為舜典也論衡書虛篇堯典之篇舜巡狩東至岱宗南至霍山西至太華北至恆山賈公彥周禮疏序曰堯典曰伯禹作司空又堯典有典樂納言之職大宗伯疏案尚書堯典禋于六宗毛詩周頌般正義堯典說巡守之禮望秩于山川今皆誤為舜典文唐時孔書雖盛行而馬鄭之真古文尚存於世故諸儒猶得據知為堯典也又史記夏本紀皋陶述其謀云〻皋陶曰余未有知思贊道哉帝舜謂禹曰汝亦昌言云〻至帝拜曰然往欽哉此皋陶益稷合一

之明證司馬彪續漢書輿服志永初二年初詔有司采周官禮記尚書臯陶篇乘輿服從歐陽氏說公卿以下從大小夏侯氏說即謂日月星辰至絺繡之文是亦以今益稷為臯陶謨也禮記王制正義案尚臯陶謨弼成五服云云咎繇謨注又云要服之弼當其夷服云云又尚書臯陶謨云予欲觀古人之象日月星辰山龍華蟲作會宗彝藻火粉米黼黻絺繡月令正義鄭注臯陶謨云采施曰色又案尚書咎繇謨云予欲觀古人之象日月星辰山龍華蟲作會云云毛詩鄭譜序正義云臯陶謨說臯陶與舜相荅為歌又引臯陶謨弼成五服至于五千商頌殷武正義臯陶謨云禹曰予惟荒度土功弼成五服至于五千足徵自昌言以至賡歌皆臯陶謨篇文今割帝曰來禹以下題曰益稷妄矣

又案梅氏奏上孔傳時尚無篇首二十八字至齊明帝建武中姚方興采馬王之注造孔傳舜典一篇謊云於大航頭買得之詣闕以獻擧朝集議咸以為非迨梁武時博士會議終不行用其升附方興偽文於今舜典之首則自隋學士劉炫始詳見經典序錄及史通夫劉炫依托易連山亦素好作偽之人其尊信此二十八字固宜唐初大儒多劉氏弟子撰集正義遂用師授之本謬種流傳貽誤千載門户之為害甚矣

又案近蕭山毛氏謂當自月正元日以下斷為舜典秀水朱氏又謂宜刪去方興之文自舜格于文祖以上為堯典冠以宋書禮志高堂隆引書曰若稽古帝舜曰重華建皇授政改朔一十五字至篇終為舜典晏謂此二說謬甚王充論衡氣壽篇引堯典曰舜生三十徵用三十在位五十

載陟方乃死鄭氏詩譜引虞書曰詩言志四語正義曰鄭注在堯典之末則自慎徽以下迄終篇皆堯典明甚何為而妄分之乎又考太平御覽八十一卷引尚書中候攷河命云曰若稽古帝舜曰重華欽翼皇象李善文選注引尚書中候云建黃授政改朔然則高堂隆所引乃出緯文與詩殷武疏引契握云若稽古王湯既受命興由七十里起詩譜疏引擿雒戒云曰若稽古周公旦文正相類皆緯候效尚書語宋書不明稱緯者猶漢人引易緯直稱易曰引禮緯或稱禮說也竹垞誤為逸經甚謬以毛氏朱氏之博洽而亦為此無稽之臆說真咄咄怪事

又案潛邱尚書古文疏證卷二鄭氏箋毛詩東門之池序孔安國曰停水曰池不知何從得此訓安國生平止傳論語孝經無池字意是別有訓說流傳東漢鄭得之載於此

古文泰誓上有陂池作傳者於陂字既用毛傳澤障曰陂又於池字用鄭箋停水曰池若以自實其語且反見康成之箋原本於此心誠苦學誠博矣晏謂潛邱誤矣安國訓出陸氏釋文乃音義非鄭箋也元朗引停水曰池即偽泰誓傳文汲古閣刊本不作分行細書以音義溷入箋故有斯誤以釋文單行本校之其訛謬互判矣近刊官本注疏已改孔安國曰停水曰池八字入音義下足正毛本之誤

又疏證卷五下云儀禮士昏禮記注用昕使者用昏壻也壻悉計反從士從胥俗作婿女之夫鄭作反語有此一條晏案漢儒音注秖曰讀若某未有翻紐潛邱引鄭氏反語亦誤以釋文為鄭注也考士昏禮陳三鼎於寢門外鄭注寢壻之室也據釋文此下應有壻悉計反從士從胥俗作婿女之夫十四字今毛本脫當時刊注疏者割取音義散

附注下遂將此十四字移入士昏記注用昏壻也之下而又訛為大字溷入鄭注故潛邱不免貽誤爾又禮記昏義釋文亦云婿悉計反女之夫也依字從士從胥左傳文八年釋文云婿者細俗作婿正與此文一類其為元朗之說無疑宋本明本儀禮單刻大字鄭注皆無此十四字禮書綱目士昏禮納采下載記文鄭注亦無此十四字江氏精於考禮其援据核矣余嘗謂好古如毛子晉汲古閣諸刊本有功於藝林匪小然亦有訛謬可笑者如關雎序箋沈重云案鄭詩譜意大序是子夏作云康成安知梁時之有沈重乎尚書舜典肆類于上帝傳王云上帝天也馬云太一神在紫微宮天之最尊作傳者既標為漢孔氏又安知魏之有子雍東京之有季長乎書傳雖係贋作亦不應顯然破綻如此考斯二條亦皆陸氏釋文誤入大注者也左傳

僖十五年杜注自曰上天降災此凡四十七字檢古本皆無爲杜注亦不得有有是後人加也此亦釋文訛作大注又毛本史記集解夏本紀又東至于醴孔安國曰馬融王肅皆以醴爲水名孔氏何由得引馬王曰字誤衍其他如此類者甚夥學者當求宋元舊本校之庶不至以訛傳訛云

又案疏證卷二第二十一云孔穎達禮記疏漢志始於魯淹中得古禮五十七篇其十七篇與今儀禮同其餘四十篇藏在秘府謂之逸禮又六藝論亦以孔壁得古文禮五十七篇皆與今漢志數不合未知何說附此以廣異聞晏案班志載禮古經五十六卷倂儀禮十七篇與逸禮三十九篇言之劉歆傳讓太常博士書亦言逸禮有三十九獨投壺孔疏稱鄭言四十篇者考王充論衡正説篇云孝宣

皇帝之時河内女子發老屋得逸禮一篇奏之宣帝下示博士然後禮益一篇始知逸禮三十九篇宣帝世又得一篇故鄭君言有四十篇也潛邱謂未知何說蓋考之未詳耳

又惠氏古文尚書攷云今世所傳馬融忠經一卷宋藝文志著於錄其書閒引梅氏古文案馬季長東漢人安知晉以後書此皆不知而妄作者余考忠經隋唐志皆不著錄宋時始出内引東晉古文凡五天地神明章引書惟精惟一允執厥中兆人章引書一人元良萬邦以貞辨忠章引書旌別淑慝忠諫章引書木從繩則正后從諫則聖證應章引書作善降之百祥作不善降之百殃皆僞古文書必非季長所撰錢辛楣宋史考異謂宋人僞託晏謂此書亦非僞託當別一馬融與漢馬融同姓名非東京扶風馬氏也

考崇文總目五行類有緯囊經一卷馬融撰桐鄉金錫鬯云融唐居士非漢馬融也余觀忠經序云臣融巖野之臣當亦唐居士所撰後人誤為南郡太守耳若果漢之馬氏乃外戚豪家不得云巖野之臣矣又案忠經天地神明章昔在至理又國一則萬人理政理章夫化之德理之上也施之以政理之中也懲之以刑理之下也德者為理之本也唐人避高宗諱多改治作理可證為唐馬融作矣又考兆人章云此兆人之忠也冢臣章云匡國安人武備章云王者立武以威四方安萬人也唐人避太宗諱多改民作人益信為人撰著是在古文盛行之時其屢引梅氏書不足異矣

按朱子語類云尚書孔安國序亦不類漢文章如孔叢子亦然皆是那一時人所為又云孔安國解經最亂道看得

只是孔叢子等做出來又云大序亦不是孔安國作怕只是撰孔叢子底人作文字軟善西漢文則麤大又文集答孫季和曰孔氏書序與孔叢子大抵相似所書孔臧不為宰相而禮賜如三公等事皆無其實而通鑑亦誤信之則考之不精甚矣記尚書三義曰令孔傳并序皆不類西京文字氣象未必真安國所作只與孔叢子同是一手偽書蓋其言多相表裏而訓詁亦多出小爾雅也晏案朱子此說真不刊之論嘗以小爾雅校令書傳一一符合其為出自一手無疑令詳錄於後堯典明明揚側陋孔傳明舉人在側陋者廣言揚舉也舜典封十有二山傳封大也廣詁封大也有能奮庸熙帝之載傳載事也廣詁載事也蠻夷猾夏傳猾亂也廣言猾亂也敷奏以言傳奏進也廣詁奏進也眚災肆赦傳緩廣言肆緩也敬敷五教孔傳布五常

之教廣詁敷布也大禹謨茲用不犯于有司孔傳司主也廣言司主也益贊於禹孔傳贊佐也廣詁贊佐也皋陶謨允迪厥德孔傳迪蹈廣詁迪蹈也禹貢既修太原孔傳高平曰太原廣器高平謂之太原厥貢鹽絺海物惟錯孔傳絺細葛錯雜非一種廣服葛之精者曰絺廣訓海物惟錯錯雜也厥篚玄纖縞孔傳縞白繒廣服繒之精者曰縞厥篚纖纊孔傳纊細綿廣服纊綿也絮之細者曰纊三百里蔡孔傳蔡法也廣詁蔡法也盤庚率籲衆慼孔傳籲和也廣言籲和也洪範汩陳其五行孔傳汩亂也廣言汩亂也微子告予顛隮孔傳顛隕廣言顛隕也康誥汝陳時臬孔傳汝當布陳是法廣詁臬法也丕蔽要囚孔傳謂察其要辭以斷獄廣言蔽斷也微子之命克齊聖廣淵孔傳廣大深遠廣詁淵深也金縢未可以戚我先王孔傳戚近也廣

詁戚近也泰誓惟受罔有悛心孔傳悛改也廣詁悛止也
注云悛取其改皆止之義牧誓時甲子昧爽孔傳昧冥爽
明廣詁爽明也昧冥也咸有一德克享天心孔傳享當也
廣言享當也梓材戕敗人宥孔傳察民以過誤殘敗人者
廣言戕殘也至於屬婦孔傳至於存恤妾婦廣義妾婦之
賤謂之屬婦酒誥不腆于酒孔傳不厚于酒廣言腆厚也勿
辯乃司孔傳辯使也廣言辯使也多方不蠲烝孔傳不絜
進于善廣詁蠲潔也大淫圖天之命屑有辭孔傳用汝衆
方大為過惡者廣詁屑過也呂刑其罰百鍰孔曰六兩曰
鍰廣衡鋝謂之鍰二鍰四兩謂之斤注云鍰六兩費誓杜
乃擭孔傳當杜塞之廣詁杜塞也又孔叢子論書云牽我
問書云納于大麓烈風雷雨弗迷何謂也孔子曰此言人
事之應乎天也堯既得舜歷試諸難已而納之於尊顯之

官使大錄萬機之政是故陰陽清和五星不悖烈風雨各以其應不有迷錯愆伏明舜之行合於天也今舜典納于大麓傳云麓錄也納舜使大麓萬機之政陰陽和風雨時各以其節不有迷錯愆伏明舜之德合於天案馬鄭皆云麓山足也史記堯使舜入山林川澤暴風雷雨舜行不迷史公親從安國問故漢書所謂遷書載堯典多古文說是也淮南泰族訓云既入大麓烈風雷雨而不迷注云堯使舜入林麓去遺大風雨不迷也論衡亂龍篇云舜以聖德入大麓之野鹿狼不犯龍蛇不害皆古文說與史遷馬鄭合惟釋文又引王肅云麓錄也與偽傳孔叢同明是肅一手偽撰

論書云書曰茲予大享于先王爾祖其從與享之孔子曰古之王者臣有大功死則必祀之於廟今盤庚茲予大享于先王爾祖其從與享之孔傳古者天子錄功臣配食於廟又論書云定公問曰周書所謂庸庸祗祗威威顯民何謂也孔子曰夫能用可用則正治矣敬可敬則尚賢矣畏可畏則服刑恤矣君審此三者以示民令康誥庸庸祗祗

威威顯民孔傳用可用敬可敬刑可刑明此道以示民又論書云子張問書曰奠高山何謂也孔子曰高山五嶽定其差秩祀所視焉令禹貢奠高山孔傳高山五岳定其差秩祀禮所視又論書云孟懿子問書曰欽四鄰何謂也孔子曰王者前有凝後有丞左有輔右有弼謂之四近言前後左右近臣當畏敬之不可以非其人也令皋陶謨欽四鄰孔傳四近前後左右之人勅使敬其職若所行不在於是而為非者當察之又論書云書曰其在祖甲不義惟王太甲為王居喪行不義令無逸其在祖甲孔傳湯孫太甲為王不義案疏引鄭注祖甲武丁子帝甲也史記注引馬融曰祖甲有兄祖庚而祖甲賢武丁欲立之祖甲以王廢長立少不義逃亡民閒故曰不義惟王久為小人也馬鄭據古文說皆不云太甲書疏稱王肅亦以祖甲為太甲與偽傳孔叢合皆肅一手所為也太平御覽八十三引帝王世紀云太甲一名祖甲皇甫謐曾見古文此亦叢同偽書之說又刑論云書曰非從惟從孔子曰夫聽訟者或從

其辭辭不可從必斷以情令呂刑非從惟從孔傳非從其僞辭惟從其本情又孔叢子宰我曰敢問禋于六宗何謂孔子曰所宗者六埋少牢于泰昭所以祭時也祖迎於坎壇案祭法相近於坎壇鄭注相近當為禳祈聲之誤也釋文王肅作祖迎今孔叢正作祖迎亦王肅僞撰之一證所所祭寒暑也主于郊宮所以祭日也夜明所以祭月也幽禜所以祭星也雩禜所以祭水旱也禋于六宗此之謂也令舜典禋于六宗孔傳謂四時也寒暑也日也月也星也水旱也案釋文引王云四時寒暑日月星水旱也書疏云王肅亦引祭法文乃云禋于六宗此之謂矣王肅據家語六宗與孔同周禮大宗伯賈疏魏明帝時詔令王肅議六宗取家語宰我問六宗孔子曰所宗者六埋少牢於大昭祭時相近於坎壇祭寒暑王宮祭日夜明祭月幽禜祭星雩禜祭水旱可證孔叢家語書傳俱王肅一手所造又執節篇云其在商書太甲伊尹曰惟王舊行不義習與性成予不狎于不順王始即桐邇于先王其訓罔以後人迷王徂居憂克思厥祖之明德與令古文太甲畧同鳴

呼作僞者既作一書復作數書以佐其僞揉其命意不過彼此牽綴冀圖後人之信耳孰知夫取後人之信者乃益所以滋後人之疑者乎此真僞古文所云作僞心勞日拙者也

又案尚書孔傳班志不載其言作傳者亦自作僞者始連叢子與侍中從弟安國書云知以今讐古之隸篆推科斗已定五十餘篇並爲之傳云其餘錯亂文字摩滅不可分了欲以垂待後賢誠合先君闕疑之意尚書大序云科斗書廢已久時人無能知者以所聞伏生之書考論文義定其可知者爲隸古定更以竹簡寫之增多伏生二十五篇凡五十九篇爲四十六卷其餘錯亂摩滅不可復知悉上送官藏之書府以待能者承詔爲五十九篇作傳於是遂研精覃思博考經籍采摭羣言以立訓傳與連叢所言絶

類然則孔叢大序及書傳俱一時所依托即如受詔作傳云云果有此事與中壘校書中郎立石並為一代曠典孟堅豈有不載入漢書者乃班史所無而孔叢大序皆言之其偽可知考家語後序亦言子國撰尚書傳五十八篇所得壁中科斗本也序為子雍所撰又與連叢大序脗合豈非一手所偽造哉

安國為古文論語訓祇見家語後序而後序偽妄無一可信

論語孔注始見於家語後序余既定其為王肅偽撰矣今按後序言天漢後魯恭王壞夫子宅得壁中古文子國集錄家語既成會值巫蠱事寢又言子國年六十卒於家皆偽妄無一可信故特紀景帝前二年恭王始立迄征和二年巫蠱事凡六十五年條辨左方使後之覽者易明焉

漢景帝前二年　史記五宗世家魯共王餘以孝景前二年用皇子為淮陽王漢書景十三王傳魯恭王傳同　漢書景帝紀二年春三月立皇子餘為淮陽王諸侯王表三月甲寅立為淮陽王

前三年　史記魯共王世家吳楚反破後以孝景前三年徙為魯王漢書同　漢書漢興以來諸侯年表孝景前三年六月乙亥淮陽王徙魯元年是為共王　案班表云二年徙魯非也漢書景帝紀破吳楚正在三年則徙魯當在是年考史遷表二年分楚置魯國三年共王始徙魯也

漢書藝文志云武帝末魯共王壞孔子宅欲以廣其宮而得古文尚書及禮記論語孝經凡數十篇皆古字也共王往入其宅聞鼓琴瑟鐘磬之音於是懼乃止不壞孔安國者孔子後也悉得其書以考二十九篇得多十

六篇安國獻之遭巫蠱事未列於學官 晏案恭王徙魯在景之前三年居魯二十六年薨為元光六年武帝即位之十二年也若如漢書言武帝末以後元二年逆計去恭王之薨已四十二年矣安得有壞孔子宅之事乎然則武帝末三字其誤必矣史記世家云魯王好治宮室苑囿狗馬季年好音夫好音為季年則好治宮室為初年可知矣文選王延壽魯靈光殿賦序云魯靈光殿者蓋景帝程姬之子恭王餘之所立也初恭王始都下國好治宮室遊因魯僖基兆而營焉亦初年好治宮室之證漢書景十三王傳云恭王初好治宮室苑壞孔子舊宅以廣其宮聞鐘磬琴瑟之聲遂不敢復壞於其壁中得古文經傳益可證壞孔子宮在共王徙魯之初年其為景帝時無疑也考王充論衡正說篇云孝景帝時魯恭王壞孔子教授堂以為殿得百篇尚書於牆壁中可云確證然則恭王

壞宅實景帝時事也　或問壞孔子宅是恭王始還居魯事否余曰唯唯否否漢書言壞孔子宅以廣其宮是從魯之後既有宮而更廣之非未有宮而始作之也竊意武帝末三字當是景帝末之訛景帝之後元年恭王徙魯甫十二年正即位之初年廣大其宮之日也是時安國得書以考二十九篇得多十六篇夫安國得書既能考而讀之至幼亦當十餘歲矣若景帝末年安國年十五則建元五年二十為博士歷十八年元狩五年三十八歲為諫大夫後加侍中還臨淮太守幾四十卒與史記所言蚤卒合太史公親從安國游其言必不誤也

四年

五年

六年

七年
中元年
二年
三年
四年
五年
六年
後元年
二年
三年
武帝建元元年　漢書武帝紀建元元年遣使者安車蒲輪束帛加璧徵魯申公　晏案史記儒林傳申公弟子爲博士十餘人孔安國至臨淮太守又言令上即位迎

申公申公時已八十餘以為大中大夫舍魯邸議明堂事盡下趙綰王臧吏後皆自殺申公亦疾免歸數年卒考漢書武帝紀趙綰等坐毋奏事太皇太后自殺在建元二年申公於是年歸又數年卒當在建元之末竊意建元元年申公老而被徵當不復教授安國受業必在建元以前矣　或問安國受業之年可得聞乎余曰史記申公傳云楚王郢子戊立胥靡申公申公恥之歸魯退居家終身不出門復謝絕賓客獨王命名之乃往弟子自遠方受業者百餘人又考漢書楚元王傳申公胥靡在王戊之二十年景帝之前二年也二十一年春王戊謀反自殺申公乃得免罪歸魯是為景之前三年正恭王徙魯之年史記言王命召之乃往徐廣謂王即魯恭王是也安國以魯人為弟子當在景帝末年正申公

歸魯之後未被徵以前也其時恭王壞宅安國得書申公居魯安國受業俱在此際皆不滿二十時事也崇漢有兩

申公郊祀志有申公齊人非魯之申培公也

二年

三年

四年

五年　漢書武帝紀建元五年置五經博士百官公卿表云武帝建元五年初置五經博士　晏案孔子世家云安國為今皇帝博士今皇帝史公指武帝也考漢書儒林傳序云太常擇民年十八以上儀容端正者補博士弟子荀悅武帝紀云建元五年初置五經博士太常選人年十八以上好學補弟子博士為弟子師其年又必有一日之長計安國之生當在景帝之初遠景帝末得

書孔壁已十有餘歲自景後元年迄建元五年又八年其年約二十弱冠較弟子齒稍長是爲博士時也

漢書儒林傳司馬遷亦從安國問故遷書載堯典禹貢洪範微子金縢多古文說　晏粲太史公自序云太史公仕於建元元封之閒考建元以後安國正爲博士與遷同仕於朝從而問業即此時也

六年

元光元年

二年

三年

四年

五年

六年　史記世家共王二十六年卒子光代爲王又表云

元光六年共王二十六年甍　漢書武帝紀元朔元年魯王餘甍景十三王傳恭王二十八年甍子安王光嗣諸侯王表共王徙魯二十八年甍元朔元年安王光嗣

晏案史記以共王二十六年甍為元光六年漢書以恭王二十八年甍為元朔元年其說互異考恭王當甍於元光六年次年元朔改元子安王嗣始告於朝故漢書連書甍與嗣俱在一年史記則以共王甍在元光末安王嗣在元朔初從其實也班書自景前二年立王訖元朔元年故云二十八年遷書自景前三年徙魯訖元光六年故云二十六年茲從史記

元朔元年

二年

三年　漢書兒寬傳以郡國詣博士受業孔安國補廷尉

文學卒史時張湯為廷尉　晏案百官表云元朔三年中大夫張湯為廷尉兒寬補廷尉文學卒史亦為元朔三年寬受業為弟子當在是年以前正安國為博士之時也　又案潛邱先生據兒寬此傳謂安國是年乙卯始為博士年二十餘晏謂如潛邱說元朔三年二十餘為博士逆數至景帝末安國尚不滿十歲何以受申公之魯詩考孔壁之古文乎其說有所難通矣故愚謂安國為博士當始於建元之末武帝初置博士時也

四年

五年

六年

元狩元年

二年

三年

四年

五年

漢書百官公卿表云武帝元狩五年初置諫大夫

最案漢書儒林傳安國為諫大夫百官表云博士秩比六百石諫大夫秩比八百石故由博士而遷諫大夫也計安國為諫大夫時年三十有餘進秩侍中遷臨淮太守然後卒也　又案安國為侍中漢書不載惟後漢書獻帝紀章懷注引漢官儀曰武帝時孔安國為侍中以其儒者特聽掌御坐唾壺朝廷榮之此安國為侍中之明徵也潛邱先生考安國官秩不及侍中蓋偶遺之　續漢書百官志注引蔡質漢儀曰侍中常伯選舊儒高德博學淵懿仰占俯視切問喻旨公卿上殿稱制參乘佩璽秉劍考安國既通古文兼習魯詩可云博學自建元五年迄元狩四年

為博士十有八年可云舊儒故特擢侍中之選也漢時侍中無定秩百官表有侍中太僕侍中中郎將侍中光祿大夫侍中衛尉侍中水衡都尉侍中奉車都尉侍中駙馬都尉應劭謂入侍天子謂之侍中故諸官皆得加此秩若今人之兼銜也知安國為侍中必由諫大夫者百官表云侍中加官所加或列侯將軍卿大夫故諫大夫亦得加侍中安國以博士而為侍中諫大夫猶歐陽地餘以博士而為侍中中大夫也（見儒林歐陽生傳及漢表永光元年）又續漢志云侍中比二千石（劉昭注引漢官儀云千石非也案漢表侍中亦繫二千石）

下

漢書表云郡守掌治其郡秩二千石景帝中二年更名太守安國以八百石之諫大夫晉二千石之侍中後又遷同秩之臨淮太守遂卒計安國之卒年蓋將幾四十矣　或問何以知安國幾四十卒也余曰史公作記

子世家備紀聖裔之年若子上四十七子京四十六子家四十五皆不云蚤卒而獨於安國言蚤卒故知年未踰四十且以前後考之而知也

家語後序云年四十為諫議大夫遷侍中博士又云由博士為臨淮太守　晏案以八百石之諫大夫二千石之侍中忽下而為六百石之博士降秩甚矣何名遷乎又以六百石之博士突遷二千石之太守益無是理作偽者於漢代之官制何夢夢也且西漢衹稱諫大夫亦無諫議大夫之名續漢書百官志云諫議大夫六百石胡廣曰武帝元狩五年置諫大夫世祖中興以為諫議大夫是此官始於光武然則後序所云必東漢以後人所偽造也考魏時有諫議大夫子雍甚習於當時之制故不覺流露筆下耶又安國為諫大夫時年當三十餘

云四十亦妄

六年

元鼎元年

二年

三年

四年

五年

六年

元封元年　家語序云元封之時吾仕京師　是棄元封之初安國歿已數年序說亦妄

二年

三年

四年

五年

六年

太初元年　史記自序云遷爲太史令紬史記金匱石室之書五年而當太初元年李奇曰遷爲太史後五年適當於武帝太初元年此時述史記　晏案史記作於是年而孔子世家已言安國至臨淮太守蚤卒安國生卬卬生驩蓋安國之歿當元狩之末至太初改元歿已踰十年矣又史公已及見安國之孫驩計安國若在亦近六十矣

二年　荀悅漢紀太初二年冬十有二月御史大夫兒寬卒　晏案安國傳古文尚書之弟子亦於是年卒矣

三年

四年

天漢元年　家語後序天漢後魯恭王壞孔子故宅得壁中詩書悉以歸子國子國乃考論古今文字撰衆師之義為古文論語訓十一篇孝經傳二篇尚書傳五十八篇皆所得壁中科斗本也又集錄孔氏家語為四十四篇既成會值巫蠱事寢不施行子國由博士為臨淮太守在官六年以病免年六十卒於家　晏案天漢元年上距魯恭王之薨已二十有九年安得有壞宅事作僞者亦虛謊之極矣安國卒於元狩之末遠天漢之後殁已二十餘年又安得有論撰傳注之事乎然則所謂論訓孝經尚書傳皆子虛烏有之談而無一可信者也且史遷為安國弟子明云蚤卒若年至六十尚得謂之蚤卒耶即如僞序所言受書於伏生生故秦博士至文帝時年已九十餘安國從而問業至幼亦當十餘歲自文

帝元年數至征和二年巫蠱事歷八十九年安國若以
是時卒年且百歲餘又不止六十矣作偽者不考時世
而為是進退無據之言亦謬妄可笑之甚矣　又案書大
序言科斗書廢已久時人無能知者連叢子亦言先聖古
文世人固莫識也語正相類晏謂此二說妄甚暴秦撥
去古文用隸書以趨簡易此特一時暫罷遠漢興仍用
古文烏得言書廢已久世莫能識乎漢書藝文志云漢
興蕭何草律著其法曰太史試學童能諷書九千字以
上乃得為史又以六體試之六體者古文奇字篆書隸
書繆篆蟲書皆所以通知古今文字摹印章書幡信也
許慎說文序云亡新居攝使大司空甄豐等校文書之
部自以為應制作頗改定古文時有六書一曰古文孔
子壁中書也壁中書者魯恭王壞孔子宅而得禮記尚

書春秋論語孝經又北平侯張蒼獻春秋左氏傳郡國亦往往於山川得鼎彝其銘即前代之古文夫蕭何試古文於漢初甄豐校古文於漢末古文之通行西京彰彰明矣是以班志本劉歆七畧尚書古文經四十六卷禮古經五十六卷春秋古經十二篇論語古二十一篇孝經古孔氏一篇玉海卷四十二引桓譚新論古文尚書舊有四十五卷古佚禮記有五十六卷古論語二十一卷古孝經一卷二十章是皆古文書也史以漢孜之河間獻王所得書皆古文先秦舊書司馬遷十歲誦古文劉向以中古文校易經唯費氏經與古文同是西漢之通古文者也杜林得古文漆書劉陶推三家及古文賈逵桓譚鄭興馬融鄭玄盧植俱好古學說文序其偁易孟氏書孔氏詩毛氏禮周官春秋左氏論語孝經

皆古文周禮儀禮鄭注亦稱故書古文隋經籍志議郎衛敬仲古文官書一卷是東漢之通古文者也古文之盛行於漢如此今說文所載有古文魏三體石經左傳遺字兼列古文去篆籀不甚異亦未見其莫能辨識也善夫書疏之言曰科斗書若於周時秦世所有至漢猶當識之不得云無能知者仲達尊信孔傳而猶疑大序所言之非則偽序之矯誣從可知矣　又案宋王氏柏謂科斗文字不過耀孔壁所藏之古以世所傳夏商鼎彝盤匜之屬舉無所謂科斗之形其張皇妄誕欺惑後世無疑近竹垞朱氏亦取其說晏案魯齋此說近是而亦非也科斗者古文之別名起於東漢季世古文寖衰之日諸儒以意名之作偽者襲用其說實不始於書大序也書正義引鄭玄曰書初出屋壁皆周時象形文字

今所謂科斗書以形言之爲科斗指體即周之古文鄭言今則古無此名出於當時之方俗也後漢書盧植上書曰古文科斗近於爲實而厭抑流俗降在小學中興以來通儒達士班固賈逵鄭興父子並敦悅之科斗之名始見於此時是起於東京之末矣若西漢之代則斷乎無是說即說文列八體六書班志載小學十家亦無科斗之稱則東京之初亦未聞作偽者乃用以入書序其爲東漢以後人偽撰斷斷然矣　又案謂漢世科斗書廢魏晉人固嘗有是說矣魏志劉劭傳注引衛恆四體書勢序古文曰自秦用古文焚燒先典而古文絕矣漢武帝時魯恭王壞孔子宅得尚書春秋論語孝經時人已不復知有古文謂之科斗書漢世祕藏希得見之與書序言相類蓋爾時議論如此可證大序爲魏晉人

作矣又杜預左傳後序云太康元年汲郡汲縣有發其界内冢者大得古書皆簡編科斗文字科斗久廢推尋不能盡通山井鼎左傳考文引王隱晉書束晳傳云太康元年汲郡民盜發魏安釐王冢得竹書漆字科斗之文科斗者周時古文也其字頭麤尾細似科斗之形故俗名之焉酈道元水經注云自秦用篆書焚燒先典古文絶矣魯恭王得孔子宅書不知有古文謂之科斗書蓋用科斗之名遂效其形耳齊書文惠太子傳時襄陽有盜發楚王冢大獲竹簡書青絲編簡廣數分長二尺王僧虔曰此科斗書考工記周官所闕文也韓退之文集科斗書後記李監陽冰子授余以其家科斗孝經魏晉而降古文漸絶言科斗者始紛紛矣

二年

三年

四年

太始元年

二年

三年

四年

征和元年　漢書武帝紀征和元年巫蠱起

二年　武帝紀二年閏月諸邑公主陽石公主皆坐巫蠱死秋七月按道侯韓説使者江充等掘蠱於太子宮

秀水朱氏經義考曰巫蠱事發乃征和二年距安國之歿當已久矣班固藝文志於古文尚書云遭巫蠱事未列於學官乃史氏追述古文所以不列學官之故爾而僞作安國序者乃云會國有巫蠱事經籍道息竟出自

安國口中不亦刺謬甚乎或曰劉歆移書讓太常博士其文載於漢書文選稱古文書十六篇天漢之後孔安國獻之此不足信乎曰荀悅漢紀於孝成帝三年備述劉向校經傳考集異同於古文尚書論語孝經云武帝時孔安國家獻之會巫蠱事未列於學官則知安國已逝而其家獻之漢書文選録本流傳脫去家字爾按其本末安國書序之偽不待攻而自破矣　晏案巫蠱起征和二年距安國之殁幾三十年而尚書序且云會國有巫蠱事安國寧能知死後事耶必如小說家寓言孔安國壽三百歲然後時事方合宋沈作喆寓簡范蠡隱於五湖屢更其號最後稱海濱漁父為孔安國之師安國服餌丹壽三百歲云其若無徵弗信何　晏案史記家語後序孔安國字子國孔子十二世孫也

孔子世家安世乃十一世孫漢書孔光傳孔子十四世之孫也又云忠生武及安國生延年延年生霸霸生光安國為十一世故光為十四世此有明文可考後序作十二世妄甚史漢皆不着安國字云子國亦偽妄惟連叢子亦稱子國作偽者互綴以圖取信耳

又後序云子思名伋伋嘗遭困於宋作中庸之書四十七篇以述聖祖之業授弟子孟軻之徒數百人　案史記世家云子思嘗困於宋作中庸即今禮中庸篇孔疏引鄭目錄以為子思伋作之是也漢藝文志禮家有中庸說二篇蓋析一篇為二如曲禮檀弓分為上下耳安得有四十七篇乎惟孔叢子居衛篇子思曰吾困於宋撰中庸之書四十九篇九七字之訛與偽序同出一手也　又案史記孟軻列傳云受業子思之門人非子思弟子也後序甚謬

孔叢子又撰出子思與孟子問答以佐成其僞尤紕謬可咲。又案孟子字不傳今所傳之字亦王肅僞撰漢書藝文志孟子十一篇師古注聖證論云軻字子居困學紀聞孔叢子云子車注一作子居居貧坎軻故名軻字子居傳子云字子輿疑皆傅會晏案厚齋謂傅會是也考趙岐孟子章指題辭云孟子鄒人也名軻字則未聞也徐幹中論序云孟軻荀卿懷亞聖之才著一家之法皆以姓名自書至今厥字不傳原思其故皆由戰國之士樂賢者寡不早紀錄耳據此則孟子之字漢人皆不及知乃突見於聖證論孔叢等書其爲王肅僞造無疑傅子乃傅元所著晉人無識誤信魏時書耳荀子非十二子篇楊倞注孟子字子輿廣韻孟子居貧坎軻故名軻字子居皆誤據僞書

又後序云子思生子上名白　晏案檀弓史記世家荀悅

卷下　四一

漢紀作白漢書孔光傳作帛

又後序云自叔梁紇始出妻及伯魚亦出妻至子思又出妻故稱孔氏三世出妻　潛邱先生曰世傳孔氏三世出妻說皆緣於檀弓昔者子之先君喪出母乎伯魚之母死則孔子出妻也子上之母死而不喪則子思出妻也子思之妻死於衛赴於子思則伯魚妻嫁亦為出也今姑就伯魚之妻辨伯魚年五十先孔子死此人所知者妻少十歲當亦四十容貌改前矣況歷三年喪又四十有二三距孔子夢奠兩楹之夕僅隔歲耳縱未殁亦妻白在堂何忍舍之而去且遠嫁衛國雖魯委巷之婦未至是而謂孔門之冢婦名賢之因母為之耶害禮誨淫污衊實甚此事既寃則孔子之妻與子思之妻之被出也抑又可知矣　晏案檀弓止言孔子伯魚子思出妻後序又牽入叔孫紇益荒

唐謬悠之甚矣竊謂欲辨僞者莫如以僞攻僞而其僞自明考家語本姓解稱孔子三歲而叔梁紇卒果是時母已出矣如左傳生聲伯而出之年成十一年傳而此三歲之孤誰撫育以至成人乎又家語公西赤問篇孔子之母喪從魯合葬於防夫母出與廟絶本禮記鄭注果其出也不宜合葬既得合葬其非出母明矣又家語本命解云婦有七出三不去謂有所取無所歸一也與共更三年之喪二也先貧賤後富貴三也大戴禮本命篇亦有此文將已生子即出耶孔子少時已為季氏史及司職吏據史記先貧賤後富貴其不當出一也將生子後方出耶孔子二十四歲聖母顏氏卒據歷聘紀年共更三年之喪其不當出二也由是以觀則謂孔子出妻者誣且妄矣至謂伯魚子思出妻又襲檀弓而失之者也

又案孔氏出妻之說謬妄非小竊縫者不可不致辨也最嘗

卷下　四八一

著檀弓出母辨以其為先儒所未言不敢自信併記於此以質後之君子曰檀弓言喪出母者非七出之出謂庶子生母猶今人言庶出言妾母為生母也生母言出者若左氏昭二十九年傳云公衍公為之生其母偕出是也又左氏莊二十二年傳云陳厲公蔡出也昭四年傳云徐子吳出也是謂女子嫁而生子曰出與出母義亦近考爾雅釋親云父之妾為庶母儀禮喪服緦麻三月下云士為庶母子夏傳曰大夫以上為庶母無服孔子為大夫當無服矣或聖人因時制宜追恩為士貧賤之日隆禮從士喪庶母本姓解云叔梁紇妾生孟皮一字伯尼是孔氏有庶母矣或有所據未可知然漢人注論語孔子兄之子皆不稱兄名字商頌正義引世本云叔梁紇生仲尼亦不言孔子兄名疑孟皮伯尼名字竟是王肅杜撰檀弓有孟皮亦非孔子之兄正子思所謂道隆則從而隆者也至子思直從大夫之制故不喪出母云不為伋也妻者明其為妾也又考檀弓子思之母死於衛赴於子思子思哭於廟門人至曰

庶氏之母死何為哭於孔氏之廟乎庶氏者庶母也大夫庶母無服不得哭於廟故子思自以為過而哭於他室也且檀弓言母死於衛者乃子思奉庶母居衛後遂卒於其地孟子為子思門人言子思居於衛可為明證而康成妄謂伯魚卒妻嫁於衛又謂嫁母姓庶氏何其無稽之甚也檀弓又言伯魚之母死期而猶哭夫子聞之曰嘻其甚也伯魚聞之遂除之孔疏謂伯魚母出亦非也余謂此指亓官氏卒言（江氏永孔子年譜哀公十年孔子六十八歲亓官氏卒後二年子鯉卒）喪服期下云父在為母傳云何以期也屈也至尊不敢伸其私尊也聖妃卒時孔子尚在故伯魚止服期期年祥禫而哭孔子以為甚者即孝經毀不滅性示民有終之意也伯魚聞之遂除喪而不哭亦所以順父之心蓋孝子之志也後人不細心讀書或過信檀弓為真或直斥檀弓為誤皆由不得

出母之解也誠知出母之為庶母古者大夫一妻二妾孔氏有庶母不為甚異而兩漢以後訛謂孔氏三世出妻皆由誤讀檀弓亦不待辯而知其謬矣文淇案出母辯擬刪家語既不足據此又以本姓解云叔梁公有妾為或有所據于理未安喪服士為庶母有服大夫以上為庶母無服顏氏夫人卒孔子年廿四歲時未為大夫宣公五年始為大夫時年已五十庶母之卒未必定在此時謂夫子因時制宜從士喪庶母猶或可通子思居衛為臣未必其為大夫至謂直後大夫之例殊不足據又以庶氏之母為庶母亦非未有稱庶母為庶氏者必謂庶母則庶氏之母可謂庶母之母乎竊謂孔氏出妻雖檀弓所載亦可不信喪服傳及月令明堂位有不妥者鄭氏皆駁之非若聖經之不可妄譏也但必辭而闢之轉多塞礙闕疑可乎

一日於友人處借得周氏亮工書影燈下讀之其論出母一條與鄙見闇合亟喜而錄於此條書影張蓋常曰世傳孔氏三世出妻蓋本檀弓所載孔氏不喪出母自子思始之說予竊疑之以為孔子大聖子思大賢即伯魚早夭亦不失為賢人豈刑于之化皆不能施之門內乎或曰古者

七出之例甚嚴有一於此則聖賢必恪行之豈孔氏數世之婦皆不能爲前車之鑒乎閒嘗反覆取檀弓之文讀之忽得其解曰昔者子之先君子喪出母乎夫出母者蓋所生之母也呂相絕秦曰先公我之自出則出之爲言生也明矣其曰子之不喪出母何居卽孟氏所謂王子有其母死者其傅爲之請數月之喪是也蓋嫡母在堂屈於禮而不獲自盡故不得爲三年之喪耳其曰爲伋也妻者是爲白也母不爲伋也妻者是不爲白也母夫所云不爲伋也妻者蓋妾是也意者白爲子思之妾所出而子思不令其終三年之喪故曰孔氏之不喪出母自子思始也由是言之子思且無出妻之事而況於伯魚乎況於孔子乎其曰子之先君子非指孔子伯魚也猶曰子先世之人云爾讀者不察遂訛傳爲孔氏出妻致使大聖大賢負千古不白

之寃即謂漢人皆謬亦未有無故而毀聖賢者此非記檀
弓者之過乃讀禮者之過也其說與予互有詳畧特備錄
之庶無貽鄭象齋邱之誚焉寶楠案周亮工書影引張孟常以出母為生母引呂相絕
秦康公我之自出以先君子非指孔子伯魚猶曰子先世
之人眾為伋妻妾是也何焯讀書記伯魚母死期猶哭聞
夫子言除之父在為母之制當然二解皆確近南淮張珩
反白者著孔門出妻事辨檀弓有出母字無出妻字因出
母寧而溯前一代為出妻庸妾之甚庶為氏焉知子思之
母不氏庶子思在衛縕袍無表三甸九食則固無財備禮
非說詞以薄禮於嫁母諸庚一娶九女惟嫡夫人祔廟魯
隱考仲子之宮為別立宮猶不免春秋之譏字思哭生此
于他室而不於廟固宜寶楠案依左傳遂氏之遠則庶氏
與對嫡母而繫以氏依左傳齊出蔡出則出斷為生之義
依盖子無財不可以為悅則子思無財非託詞即以檀弓
文言之有若曰為妾齋衰禮與公曰魯人以妻我妻與妾
對文則知為伋也妻對妾言之也○文淇案張盍常之說
非也儀禮喪服記公子為其母疏士之妾子父在為母期
大夫之妻子父在為母大功即如張說子思不令妾子終
三年之喪乃是合禮之事上文云先君子喪出母豈孔字
遑禮文而為三年服子李氏灼編年世紀以庶氏為妾母
并謂孔子喪出母為生母鄭清如孔子世家者極詆其說
是也○文淇姜母出為生究無確證尒足妻之姊姊問出
為姨注同出謂俱已嫁男子謂姊妹之子為出注公羊傳

曰蓋齊出左傳陳厲公蔡出也杜注姊妹之子曰出康公我之自出注康公晉外甥則我周之自出注言陳周之所釋名姊妹之子曰出出嫁於異姓而生子也據此諸證與謂齊出蔡出皆謂姊妹出嫁而生子以出母為生母古無是說不敢附和十月初九日燈下記○文淇案妾子雖賤亦不能絕其母名不為假也妻即不為白也母子思大賢不宜有此異說也

又案近豐城甘馭麟亦有辨云檀弓載子之先君子喪出母此殆指夫子之於施氏而言初叔梁公娶施氏生九女無子此正所謂無子當出者家語後序所謂叔梁公始出妻者江慎修輯其說有功聖門最案施氏生九女無子出家語本姓解於他書從未聞史記世家亦不載此子雍臆造不足信甘氏取之江氏信之過矣　又案家語本姓解孔子年十九娶於宋之上官氏山井鼎左傳考文左傳桓六年疏孔子年十九娶於宋幵官氏幵作幷謹案家語作上官氏最謂考文作幷甚是漢魯相韓勑造孔廟禮器碑

云幷官聖妃瘞安樂里又云復顔氏幷官氏邑令石刻猶存余家藏榻本八分完好不甚剝蝕明是幷字上着兩點曲阜孔廟有宋石刻追封幷官氏鄆國夫人勑文又江寧句容縣石刻元至順元年加封文宣王妻幷官氏爲大成至聖文宣王夫人詔皆作幷字唐杜佑通典卷五十九男女婚嫁年幾議孔子年十九娶於宋之幷官氏亦作幷諼氏萬姓統譜引先賢傳亦作幷古今姓氏書辯證姓氏急就章俱作幷官宋史禮志作亓官氏非或作亓官亦訛當从幷爲是漢宋元石刻可證也王肅改作上官不過以俗有上官氏（廣韻官字注複姓上官）遂妄相竄造可謂無忌憚之尤者矣

嘗疑家語言伯魚之生以魯昭公賜鯉命名是時孔子年甫二十不過爲委吏乘田何至重邀君貺與情勢不合即如家語所說鄹大夫卒已十七年孔子少孤貧賤又

非世臣大家得邀君賜者比因斷其必無此事出作僞者傳會及讀左傳桓六年疏乃知古人有先我而疑之者私喜余言不妄案左傳取於物爲假杜注若伯魚生人饋之魚因名之曰鯉孔疏云家語本姓篇云伯魚生魯昭公以鯉魚賜孔子孔子榮君之賜因名子曰鯉字伯魚此注不言昭公賜而云人有饋之者如家語則伯魚之生當昭公九年昭公庸君孔子尚少未必能尊重聖人禮其生子取其意而疑其人疑其非昭公故然沖遠此言猶未決言家語之僞余以史記世家考之柢云孔子生鯉字伯魚並不言有賜鯉命名事可知家語所言乃王肅穿鑿伯魚名字妄造此説而後之作孔子年譜者皆誤信此事是不可以不辨

又後序云子家名徽後名永　晏案史記云子上生求字

子家漢紀云白生子家求漢書云帛生子家求承當是求之訛

又云子家生子直名檻　晏案史記子家生箕字子京漢書云求生子真箕漢紀同直即真之訛檻未聞疑亦偽撰

又云子直生子高名穿亦著儒家語十二篇名曰讕言年五十七而卒　晏案讕言乃讕言之訛刊本誤加艸也說文讕或从譋廣韻二十五寒讕落干切逸言又力誕切漢志儒家有讕言十一篇自注不知作者陳人君法度師古曰說者引孔子家語云孔穿所造非也又論語家孔子家語二十七卷師古曰非今所有家語小顏分別今本家語之偽真讀書巨眼令後序稱子高著讕言明襲漢志稱之曰儒家語宛見勦取之迹作偽者何所捈其肺肝哉且孟堅明云不知作者而偽序乃屬之子高妄甚劉彥和文心

雕龍諸子云迨至魏晉作者間出讕言兼存璅語必錄則此書出於魏晉閒而爲子雍所臆造也明矣又史記稱子高年五十一序云五十七亦妄漢書云箕生子高穿漢紀作子羔

又云子高生武字子順名微後名斌爲魏文王相　晏案史記子高生子慎古順慎通用漢書穿生順順爲魏相漢紀云穿生子慎斌斌爲魏相序云名微又以子順爲子武並妄惟孔叢子陳士義篇注孔武後名斌字子順子高之子與僞序如出一轍矣

又云子武生子魚名鮒及子襄名騰子文名祔子魚後名甲　晏案史記子慎生鮒鮒弟子襄漢書漢紀同云名騰妄史漢皆無子文名祔此亦僞撰

又云子襄以好經書博學畏秦法峻急乃壁藏其家語孝

經尚書及論語於夫子之舊堂壁中子魚為陳王涉博士太師卒陳下　晏案漢書藝文志顏注引漢記尹敏傳云孔鮒所藏漢記之說信也史記孔子世家云鮒年五十七為陳王涉博士死於陳下鮒弟子襄年五十七嘗為孝惠皇帝博士遷為長沙太守考漢書高祖紀秦二世二年陳涉為其御莊賈所殺鮒以是時死年五十七上距始皇燔書之三十四年鮒年已五十二是時秦法甚峻鮒守先人之籍潛藏壁中以避暴秦之炬藏之五年為秦二世元年陳涉自立為楚王於是鮒挾其所餘副冊往歸涉為博士蓋誤以涉為可託而冀其綿吾一綫之傳此鮒之苦心也卒之次年匆匆死難其家絕無有知其藏者直至恭王毀壁然後其盡出倘亦天有以啟之歟若以為子襄所藏漢書惠帝紀三年除挾書律子襄是時正為博士當自發其

所藏不待恭王之壞宅矣僞序之說所以必不可信也又案史記儒林傳序孔甲爲陳涉博士卒與涉俱死徐廣曰孔子八世孫名鮒字甲也小顏注漢書同而僞序妄稱鮒字子魚與孔叢子稱子魚同如出一轍何其竄造之不已也且考之史漢孔壁祇藏尚書論語孝經安得有家語孔鮒祇爲陳涉博士安得爲太師乎惟孔叢子屢稱陳王問太師又稱陳王郊迎子魚尊以博士爲太師諮度焉與此序宛同其爲一人之依託明矣　又案隋書經籍志魯恭王壞孔氏舊宅得其末孫惠所藏之書字皆古文劉知幾史通外篇古文尚書者即孔惠之所藏科斗文字也又以爲孔惠藏書未知何據當從尹敏言孔鮒所藏爲得其實文淇案武進鄭氏環孔子世家考云孔子末孫無名曰惠者據幸魯盛典孔鮒所藏與尹敏傳合隋志誤

本古文孝經僞孔安國序云魯共王使人壞夫子講堂於

壁中石函得古文孝經二十二章載在竹牒其長尺有二寸字科斗形孔子惠抱詣京師獻之天子又以為孔惠獻書要皆臆造不可信

又云子魚生元路一字元生名育後名隨子文生冣字子產 晏案史漢敘孔子世系無元路名字亦作僞者臆撰冣即聚字說文冖部冣取積也从冖从取取亦聲徐鍇曰古以聚物之聚為冣史漢有孔聚其字未聞云字子產亦妄惟連叢子亦稱季產今刊本誤作季彥唐書引連叢尚作季產可證也作僞者一手所為耳

又云子產後從高祖以左司馬將軍從韓信破楚于垓下以功封蓼侯謚曰夷侯長子滅嗣官至太常 晏案史記高祖本紀五年高祖與諸侯兵共擊楚軍與項羽決勝垓下淮陰侯將三十萬自當之孔將軍居左漢書高惠高后

文功臣表蓼夷侯孔聚自注云以執盾前元年從起碭以左司馬入漢為將軍三以都尉擊項籍屬韓信侯師古曰即楚漢春秋及史記所謂孔將軍居左者又表云孝文九年侯臧嗣四十五年元朔三年坐為太常衣冠道橋壞不得度免令序云長子減嗣減即臧之訛字形相涉而誤刊也　又案史漢敘孔子世系皆不言蓼侯孔聚太常孔臧為孔子之後漢書藝文志儒家太常蓼侯孔臧十篇自注父聚高祖時以功臣封臧嗣爵亦不言孔子後疑作偽因同姓而傳會也即如偽序所云孔冣長子臧次子襄生季中季中生武及子國是子國為臧弟襄之孫史漢表俱云武帝元朔三年孔臧免侯考安國元朔三年久任博士約年三十是時孔臧嗣侯甫四十五年而其仲弟之孫已齒幾三十貴仕於朝於情事甚屬不合信其為作偽之傳會

也　或問文選兩都賦序太常孔臧李善注引孔臧集曰臧仲尼之後少以才博知名稍遷御史大夫辭曰臣代以經學為家乞為太常專修家業武帝遂用之是孔臧為孔子之後善注明據臧集豈猶未足信耶余曰今孔臧集不傳惟連叢子上敘孔臧云產以將事高祖有功封蓼侯其子臧嗣為遷御史大夫辭曰臣世以經學為家乞為太常典臣家業孝武皇帝遂拜太常與文選注宛同疑李善所據即偽連叢文也否則此孔臧集亦必魏晉人依托也總之孔氏世系史遷班固荀悅紀載甚明而他書之詭造不合者皆可以辭而闢之矣　又案唐書元行冲傳漢孔安國注古文尚書族兄臧與書曰相如嘗忿俗儒淫辭冒義欲撥亂反正而未能也浮學守株眾非非正自古而然恐此道未信而獨智為讒昔孔季產專古學有孔扶者與俗

浮沈每誡產曰今朝廷率章句內學君獨修古義古學非章句內學危身之道獨善不容於世君其殆哉案唐書所據今其文俱見連叢亦誤信僞書而引之也

又云子襄遷長沙王太傅生季中名員年五十七而卒生武及子國　案史記云子襄遷長沙太守生忠忠生武武生延年及安國又漢書云襄生忠忠生武及安國漢紀云忠生武武生延年延年生安國皆誤當以史公同時親受業者為信後序改太守為太傅改忠為季中亦妄

又云受尚書於伏生　案安國傳古文兼傳今文漢書儒林傳孔氏有古文尚書孔安國以今文字讀之此今文即伏生所傳也書疏引鄭玄書贊云我先師棘下生安國亦好此學衛賈馬二三君子之業則雅材好博既宣之矣此安國傳今文之明徵也然史漢皆不言安國為伏生弟

子伏生孝文時已老不能行安國仕武帝朝疑伏生私淑之傳未必親相授受也

或問濳邱論安國之從祀以其有功於論語不可泯令子既定論語注為僞然則安國之從祀亦可得而議乎余曰否安國之有功於逸禮濳邱論之詳矣余更為申之漢志云古文尚書者出孔子壁中孔安國悉得其書以考二十九篇得多十六篇鄭於十六篇中析九共一篇為九故稱逸書二十四篇今雖不傳然書大傳引帝告九共史記殷本紀引湯征漢書律志引武成伊訓王莽傳引逸嘉禾篇堯典正義稱鄭注禹貢引允征注典寶引伊訓盤庚書序正義稱東晳引孔子壁中書及他經之引兌命尹吉太甲君陳等篇佚文斷簡要皆孔壁真古文之存於今者又安國考二十九篇以今文讀之令其書具在是其有功於尚書

不可泯也又漢書儒林傳申公傳魯詩弟子孔安國魯詩亡於永嘉之亂其書久佚然隸釋載魯詩石經殘碑百七十三字許叔重五經異義亦稱韓魯說鄭君箋詩唐風素衣朱襮以繡黼為綃黼（士昏禮疏郊特牲正義引魯詩）十月之交為厲王詩（漢書谷永傳顏注引魯詩）皇矣阮徂共為三國名（詩正義引魯詩）皆據魯詩後人得其遺說可以考見三家之異同又可訂豐坊撰申培詩說之偽是其有功於詩不可泯也漢志稱論語古二十一篇兩子張今雖不傳然世所傳論語雖俗號為魯論寔多古文如釋文載魯論古論異者二十二事今本皆從古論不知命一章乃古文魯論無之是其有功於論語不可泯也又漢志稱孝經古孔氏一篇二十二章顏注引劉向別錄云古文字也庶人章分為二也曾子敢問章分為三也又多一章凡二十二章孟堅云父母生之續莫大焉

故親生之膝下諸家說不安處古文字讀皆異桓譚新論云古孝經千八百七十一字今異者四百餘字說文許慎子冲上書曰愼又學孝經孔氏古文說文引古孝經哭不偯仲尼凥識其梗概可以辨古文之僞本及閨門章之臆造（孝經正義引閨門章）是其有功於孝經不可泯也又說文許氏自序云一曰古文孔子壁中書也今說文載古文頗夥壁中書即安國所得後之精研六書者依據古文證金石之奇字袪艸隸之俗書是其有功於小學不可泯也有此五功於從祀乎何疑若以安國未作傳注即不得從祀則后蒼高堂生之從祀亦祇以傳古禮並未聞有傳注垂後又何疑於安國也哉

又案孔注之僞先儒既絕無疑之者嘗蒐索古書思得一先我而言以爲根證不猶愈於一人之私言乎然終不可

得又徧訪近儒所著書，久之乃得二人焉：一寶應劉公台拱端臨，一金壇段公玉裁若膺，皆疑孔注之僞，不覺擊節，如獲奇寶，亟録其説於此。劉云（見所著《論語駢枝》）：攝齊升堂，孔安國曰：攝齊者，摳衣也。謹案：孔注非也。《曲禮》曰：兩手摳衣，去齊尺，謂即席也。即席必摳衣者，以將就坐，正義云恐衣長轉足躡履之是也。於升堂未有言摳衣者，拾級聚足，連步以上，自不至有傾跌失容之患，不必摳衣也。摳謂之攘（《説文》：攘，摳衣也），攘謂之揭（《釋水》：揭者，揭衣也。注：謂褰裳也），揭謂之撅（《內則》注：撅，揭衣也）。子事父母，不涉不撅；侍坐於君子，暑毋褰裳，避不敬也。獨奈何升堂見君，而反以摳衣為敬乎？此可知其不然也。攝，斂也，整也。舉足登階，齊易發揚，故以收斂整飭為難。《士冠》攝酒，注云：攝猶整也。襄十四年傳書於伐秦，攝也，注云：能自攝整。《既醉》：朋友攸攝，正義云：攝者，收斂之言。《史記·酈生陸賈列傳沛公輟洗起攝衣其他傳記言攝衣攝衽者非一未有為摳衣者戰國策曰攝衽抱几既抱几能復摳衣乎弟子職曰攝衣共盥既兩手奉盥器不容又有兩手摳衣管晏列傳晏子懼然攝衣冠若攝為摳者何乃并及冠乎略舉數事亦足以見之矣愚嘗謂孔注出魏人依托不足信若此條決非棘下生語也段云（見盧召弓釋文序錄攷證）何晏集解所載孔注甚淺陋蓋亦如尚書孝經傳為後人託作西京孔子國未嘗著書也然二公雖知孔注之偽猶未知為王肅依托至斷為肅撰則仍余之私言不知天壤內尚有秘藏未發之書與鄙見闇合而可為將伯之助者乎予日望之矣

道光元年九月上旬儀徵劉文淇校讀

十月上旬寶應劉寶楠校讀

柘唐先生博聞强記著作等身晚年自定叢書目未刻續稿計廿五種殁後經後學先後梓行者十五種遺稿爲邑子宗焜所得最多近亦散佚其未刊之稿葉揆初丈收得者二曰春秋胡傳申正曰論語孔注證僞又知分藏於多家者六種惟雅學睦錄二卷頤志齋碑帖叙錄一卷則流落何所未有傳聞比者從弟興韶之丞好鄞陳文洪君慨然有流通先賢未刊稿本之志蓋服膺南皮所謂利濟之先務積善之雅談者也商諸揆丈授以論語孔注證僞一書稿本清整便於繕印於是先生未刊遺著又得傳布其一不可謂非盛事也按論語孔注不類西京家法寶應劉氏端臨金壇段氏玉裁曾致疑及之嘉興沈氏濤則專辨其僞著有論語孔注辨僞先行於世惟先生此著不獨力斥孔傳之非真並能攷定王肅所依託洞燭幾微允推絶學宜高郵王氏引之歎爲卓識也成書與沈著同時但迄未付梓後人每以聞名不見爲憾所著尚書餘論同發孔傳僞作

跋　五九一

之廢業已流行膾炙人口久矣意者餘論與論注證偽同時屬稿觸類旁通迎刃而解餘論改定在先隨即問世兩書論證相同可資參攷原稿分上下二卷續錄一卷曾經儀徵劉文淇寶應劉寶楠鎮洋盛大士同邑李續香許汝衡諸家審閱各有簽注討論潤色語諸直諦互相訂補具見良朋賞析之樂惜先生未及改定耳茲將續錄各條依所標注分別次入兩卷之中又各家按語亦錄注句下悉存其真不敢妄為竄易宋某著靜思軒藏書記略謂孟瞻楚楨先後校是書加簽指摘無完膚可徵學力之優絀而著作非易事其言頗為失實二劉與先生皆優貢同年盛官山陽教諭先生嘗謂與余累年切磋無旬日不相見三君與先生契合無間宜為諍友宋某猶不免世俗之見耳李字少白及盛之門諸生工詩許字不詳道光乙酉拔貢附著於此

中華民國三十四年四月十五日吳縣顧廷龍謹跋